航天器带电理论及防护

原青云　孙永卫　张希军　武占成　　编著

国防工业出版社

·北京·

内 容 简 介

本书全面系统地介绍了航天器带电基本理论与防护技术,主要内容包括航天器充放电物理过程,空间等离子体环境及其效应,航天器表面带电、深层带电的基础理论及地面模拟,航天器带电防护方法和高压太阳电池阵效应试验及防护技术等。

本书可供航天领域工程师和研究人员参考,也可作为高校相关专业的本科生和研究生教材或参考书。

图书在版编目(CIP)数据

航天器带电理论及防护/原青云等编著 . 一北京:
国防工业出版社,2016.11
ISBN 978 - 7 - 118 - 11081 - 4

Ⅰ. ①航⋯ Ⅱ. ①原⋯ Ⅲ. ①航天器—空间带电粒子—研究 Ⅳ. ①V47 ②P35

中国版本图书馆 CIP 数据核字(2016)第 290508 号

※

国防工业出版社出版发行

(北京市海淀区紫竹院南路 23 号 邮政编码 100048)
北京京华虎彩印刷有限公司印刷
新华书店经售

*

开本 710×1000 1/16 印张 13¼ 字数 245 千字
2016 年 11 月第 1 版第 1 次印刷 印数 1—1500 册 定价 79.00 元

(本书如有印装错误,我社负责调换)

国防书店:(010)88540777 发行邮购:(010)88540776
发行传真:(010)88540755 发行业务:(010)88540717

前　言

航天器充放电过程,又称航天器带电过程,是指航天器与空间等离子体、高能电子、地磁场和太阳辐射等环境相互作用而发生的静电电荷积累及泄放过程。受充放电效应影响,我国多型航天器在轨故障频发,充放电效应已成为制约我国航天器在轨安全运行的重要瓶颈问题之一。"十二五"及后续几年,是我国航天重大工程实施和航天器批量装备高峰时期,二代导航二期卫星将运行在更恶劣的新环境中,"高分"工程将采用大型天线等新载荷,新型通信卫星将采用电推进和更大功率供配电系统等新技术,这些新变化将导致航天器充放电效应问题更加突出。

充放电效应会造成航天器出现各种故障,严重影响航天器的在轨安全运行。虽然近年来国内航天部门依据工程经验,采用接地、滤波和材料选择等多种手段确保了我国航天器发射任务的成功,但是,我国对航天器充放电效应机理的复杂性认识不透彻,缺乏基础理论的支持,缺乏系统性的防护技术。随着我国航天军事装备的发展,单纯地依靠工程经验将无法解决充放电效应带来的问题,需要系统地研究航天器充放电效应的基础理论和防护方法,从而形成"理论指导工程,工程验证理论"的新模式。

航天器充放电研究领域主要探索航天器与周围等离子体、太阳光辐射和人工等离子环境等因素的基本相关作用,既是基础空间科学又是空间工程。尽管近年来国内出版了一些航天领域的书籍,这些书籍中一章或两章是论述航天器充放电的相关内容,但是还没有一本专门论述航天器充放电的书籍。本书旨在集航天器充放电的基础理论、防护及相关最新研究成果于系统著作,从而服务于高校研究生教育,并为研究人员提供参考。

本书是在国防"973"项目(项目编号:613211)、国家自然科学基金项目(编号:51177173)、"十二五"装备预研项目(项目编号:51333030101 和51333060102)的资助下完成的。

全书由原青云提出编著纲目并执笔撰写,第2、3、4、9 和10 章由原青云撰写,第1 章和第6 章由孙永卫撰写,第7 章和第8 章由张希军撰写,第5 章由武占成撰写。

限于作者水平有限,书中难免出现错误、疏漏和不妥之处,敬请读者批评指正。

作者

目　　录

第1章 绪 论

20 世纪 60 年代以来,全世界约有 4200 次发射,共将约 6000 个航天器送入了空间,促进人类社会发生了巨大的变化。迄今为止,全世界大约有 53 个国家和地区,都在利用空间进行科学研究、军事活动、商业活动、资源开发和环境监测等,在空间寻求政治、经济和军事利益等。近几年来,全球平均每年发射约 120 个各类航天器,总投入经费约 345 亿美元。可见,航天器的发展及应用已经越来越受到各个国家的高度重视。

同时,航天器的发展及其在军事上的应用,已经对现代战争产生了深远的影响。美国在海湾战争中动用了 70 余颗卫星,在科索沃战争和阿富汗战争中动用了 50 多颗卫星,为空中、海上和地面武器装备及作战人员提供了全方位的信息支援和保障。我国航天事业发展迅猛,"神舟"载人航天计划、探月工程、多用途卫星及特种飞机等空间应用技术不断提升。但是,国内外航天器在发射和轨道运行过程中因静电导致的多起软、硬故障,严重影响了航天器的正常工作,空间静电效应已经成为航天器面临的主要电磁环境威胁之一。

1.1 航天器的军事应用价值

在未来信息化战争中,航天器可以为各种作战行动提供情报信息支持和保障,能够完成情报侦察支持、指挥通信保障、防天监视和预报、导航定位支持以及对其他军兵种作战支援等多种任务,具有多种应用类型。

1. 侦察监视

利用航天器系统发现、识别和监视陆、海、空、天的各种目标,获取目标信息,在经过快速处理后,提供给联合作战指挥机关和作战单元,其目的是实现对对方的指挥中心、机场和交通枢纽等重要目标全天时、全天候地侦察与监视,为主战武器提供目标打击指示和进行打击效果评估等。

2. 导航定位

导航定位是利用运行于地球中高轨道的卫星星座连续向地球表面发射带有准确发射时间以及卫星在空间的准确位置等信息的无线电信号,地球表面及近地空间的导航接收机通过接收多颗卫星信号并进行测距而给出其载体的准确位置、速度和时间的过程。

在海湾战争和对伊战争中,美国大量使用 GPS 制导的巡航导航、GPS 制导炸弹等各种 GPS 精确制导武器,取得了良好效果。

3. 信息传输

空间信息传输是实施战略战役甚至战术通信的主要手段,是构成作战指挥信息系统不可缺少的重要环节。卫星通信已经成为现代战争的重要技术手段,尤其是其多址灵活性和可移动性等特点,对联合作战的指挥控制具有特别重要的意义,能很好地满足联合作战对通信的特殊需求。

4. 导弹预警

导弹预警是利用卫星预警系统,从空间监视、发现和跟踪敌方导弹等飞行器的发射和飞行,在最早时间内发出来袭警报、识别导弹类型、估计飞行弹道参数和预报落点。

5. 环境探测

环境探测是利用航天器环境探测系统获取地球大气、海洋、空间环境信息,以探测天气变化、辐射环境、水文资料、海洋环境等要素,在对探测信息综合处理后,向用户提供环境信息及其对作战影响的分析结论的过程,包括对作战部队的部署、作战行动、武器装备的使用以及对 C⁴ISR(Command, Control, Communication, Computer, Intelligence, Surveillance, Reconnaissance)系统运行的影响等。

6. 作战支援

在未来信息化战中,制天权日益成为信息化部队、信息化武器和打赢信息化战争的重要前提,并将发挥非常关键的作用。而在和平时期,拥有制天权对于遏制战争、维护国家利益也具有十分重要的现实意义,是一个国家威慑力量的重要组成部分。

航天器的军事应用,使战场空间迅速从大气层拓展到外层空间,战争形态由传统的陆、海、空作战转变成陆、海、空、天、电多位一体的作战,成为导致军事活动全面变革、推动新军事革命的关键因素,在未来信息化条件下的联合作战中必将是武器装备信息化的基石、作战指挥信息系统的重要组成、作战要素一体化的桥梁,成为现代作战夺取信息优势、取得作战胜利的重要技术保障。

1.2　空间环境效应引起的航天器故障

20 世纪 60 年代初,随着地球同步轨道航天器的运行,国内外航天器发生了多起在轨异常和故障,严重干扰了航天器的正常工作。

美国国家地球物理数据中心统计了 1971 年至 1986 年间 39 颗地球同步轨道或准静止轨道卫星的在轨异常,表明由于受空间环境影响而造成故障的占到了总数的 70%。美国空间环境中心对从 1965 年起的 300 多个卫星异常或故障进行分析与评价,指出其中 1/3 左右是由变化的空间环境造成的。对我国早期 6

颗地球同步轨道卫星的故障原因进行统计,结果表明由空间环境引起的故障占总故障数的40%。通过对国内外航天器的在轨异常与故障进行分析表明,在所有卫星在轨故障的主要原因中,空间环境位于首位,是最主要的因素之一。图 1-1 为空间环境下航天器表面放电现象。

静电放电是空间电磁环境效应的重要组成部分,静电放电可能对航天器中的电子设备、火工品、计算机控制系统、电源系统及航天器的结构/材料造成影响。电弧放电和高压放电可以直接导致各种控制系统、电子设备、电源系统的故障,甚至是仪器、结构/材料的破坏;静电放电引起的电磁辐射也可能对航天器上各类设备及系统的正常工作造成干扰。

卫星充放电效应通常会产生灾难性的故障,严重影响卫星安全运行。如1973 年,美国国防通信卫星 DSCS-Ⅱ(9431)由于电缆表面充电电压超出电缆击穿阈值,通信系统供电电缆击穿,如图 1-2 所示,导致卫星失效。

图 1-1　空间环境下航天器表面的
放电现象

图 1-2　DSCS-Ⅱ卫星电缆击穿故障

日本先进地球观测卫星(ADEOS-Ⅱ)通过极区时,由高能电子引起的内带电效应烧毁了太阳电池阵和卫星主体间的部分供电电缆,如图 1-3 所示,导致卫星功率从 6kW 下降到 1kW,卫星的大部分功能丧失。

法国通信卫星 Telecom-1B 由于放电电流(瞬时值达几十安培)耦合到卫星内部,导致卫星主备份姿控计算机均发生故障,卫星失效,如图 1-4 所示。

图 1-3　ADEOS-Ⅱ卫星电源线烧毁故障

图 1-4　放电脉冲干扰 Telecom-1B
卫星姿控计算机

表 1-1 中列举了多个国家和地区的航天器由于静电放电而出现的故障情况,可以看出,空间静电放电对航天器的威胁由来已久,并普遍存在于各类航天器之中。

表 1-1　静电放电使卫星发生故障统计表

序号	卫星名称	故障情况	损伤部位
1	美国 DSCS - Ⅱ(9431)卫星	通信系统能源中断,卫星失效	能源系统
2	日本 ADEOS - Ⅱ 卫星	太阳阵和卫星主体间的电缆烧毁	
3	阿拉伯卫星通信组织 Arabsat 1 - A 卫星	能源系统发生故障,转为备份星	
4	欧空局 MARECS - A 卫星	太阳阵烧毁、功率下降,卫星服务中止	
5	欧空局 Meteosat - F1 卫星	能源系统发生故障	
6	日本 ETS - 6 卫星	太阳电池基底击穿,功率下降	
7	加拿大—美国 CTS 卫星	电源二极管失效,一根电源母线烧毁	
8	美国 DSCS - Ⅱ(9432)卫星	能源系统连续异常,卫星失效	
9	欧空局 Meteosat - F2 卫星	能源系统发生故障	
10	法国 Telecom 1A 卫星	通信故障,转为备份星	电子系统
11	美国 Telstar 401 卫星	姿控系统故障	
12	美国 Intelsat K 卫星	动量轮控制电路故障	
13	加拿大 Anik E - 1 卫星	陀螺仪故障	
14	加拿大 Anik E - 2 卫星	主备份姿控系统均发生故障,卫星失效	
15	美国 Telstar 401 卫星	姿控系统故障	
16	美国 Intelsat K 卫星	动量轮控制电路故障	
17	日本 BS - 3A 卫星	60min 遥测记录丢失	
18	澳大利亚 AUSSAT - A3 卫星	姿控系统遥测开关故障	
19	美国 FLTSATCOM 卫星	发生 5 次逻辑错误	
20	澳大利亚 AUSSAT - A2 卫星	姿控系统故障	电子系统
21	澳大利亚 AUSSAT - A1 卫星	姿控系统故障	
22	美国 Intelsat 511 卫星	姿控系统故障	
23	法国 Telecom - 1B 卫星	主备份姿控系统故障,卫星失效	
24	美国 Intelsat 510 卫星	姿控系统故障	
25	加拿大 Anik D - 2 卫星	消旋控制系统故障,通信中断	
26	美国 NATO - 3A 卫星	姿控系统故障	
27	美国 TDRS - 1 卫星	控制系统故障	

（续）

序号	卫星名称	故障情况	损伤部位
28	美国 TDRS － 3 卫星	姿控系统处理器电路故障	电子系统
29	美国 TDRS － 4 卫星	姿控系统故障	
30	美国 TDRS － 5 卫星	姿控系统故障	
31	美国 SBS 1 卫星	姿控系统电路故障	
32	美国 DSCS － Ⅱ（9443）卫星	逻辑错误	
33	美国 NATO － 3C 卫星	姿控系统故障	
34	加拿大 Anik B － 1 卫星	热控涂层的性能下降	功能材料
35	美国 Landsat － 3 卫星	传感器污染加重	
36	日本 GMS － 3 卫星	加速计异常、红外可见扫描辐射计故障	敏感部件
37	美国 GOES － 6 卫星	X 射线扫描仪故障	
38	美国 GOES － 4 卫星	辐射计和大气探测器失效	
39	美国 SCATHA 卫星	数据丢失，磁场探测器和 等离子体分析仪均发生故障	
40	美国 Viking Lander 1 卫星	质谱仪工作异常	

近年来，随着我国在轨卫星数量及种类的增加，带电效应引起的故障已经开始凸显，带电效应已成为导致我国卫星在轨故障的重要原因。

2008 年，我国研制的尼日利亚卫星的太阳帆板驱动机构（SADA）100V 功率环与负线间发生严重放电事件，破坏了卫星的供电电路，引起整星失效，归零分析和地面验证试验表明"产生高压放电的最大可能是 SADA 功率环在轨积累电荷所致"。SADA 功率环充放电现象如图 1 - 5 所示。

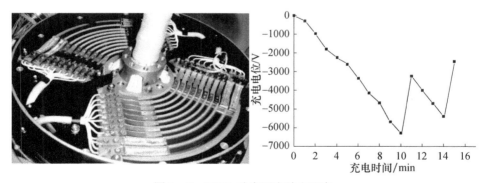

图 1 - 5　SADA 功率环充放电现象

充放电效应产生的空间电磁干扰是卫星产生故障的重要原因，我国的 FH - 1（01）卫星在轨运行期间，由于充放电效应使工作于定向测控方向的主备份测控放大器先后失效,只能占用两路通信用全向转发器,影响了卫星效能的发挥。同时,其步进衰减器电路和电缆回线受充放电产生的电磁干扰,多次发生转发器增益挡跳变故障。BD-1等卫星太阳帆板驱动电路控制方向的寄存器受到空间电磁干扰,多次发生太阳帆板复位和逆转故障,严重影响了能源系统的供给。

2004年,FY-2(04)卫星发生了天线消旋机构失锁故障。研究表明:卫星外部的主体结构玻璃钢(图1-6)在GEO磁暴环境中,表面可产生高达5000V的充电电位,导致了频繁的放电(放电频率5~6次/min),造成天线消旋机构失锁,其放电波形如图1-7所示。

图1-6 FY-2卫星外部主体结构

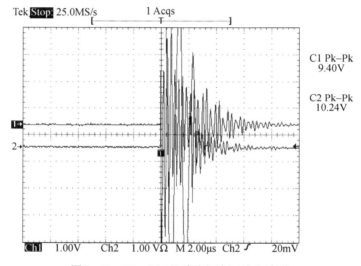

图1-7 FY-2卫星玻璃钢表面放电波形

2004年,采用CAST968平台的TC-2卫星姿控计算机电路板采用了高绝缘材料,由于内带电使电路板产生放电,放电脉冲损坏了计算机中的RAM器件,导致姿控计算机无法正常工作。

2002年,FY-1C(03)卫星太阳电池阵测温系统采用了低电平电路,由于对在等离子体环境中卫星结构电位漂移认识不足,测温信号完全淹没在结构电位中,测温系统无法工作。

1.3 国内外研究现状

多年来,国外卫星电子设备在磁层亚暴期间发生多次故障,究其原因,是由卫星表面介质材料在亚暴期间受空间电子作用导致电荷沉积,继而发生放电所引起的。从此,卫星充放电效应研究成为独立的研究方向。美国、欧洲及俄罗斯等投入大量的研究经费持续开展卫星带电效应的研究。国外从 20 世纪 70 年代开始,实施了庞大的卫星带电研究计划,成立了专门的航天器带电技术研究委员会,并定期召开唯一的单项空间环境效应国际会议——航天器带电技术国际会议。这些工作极大地推动了卫星带电效应研究的发展,也为保障卫星的研制和在轨安全发挥了极其重要的作用。

国外卫星充放电研究历经数十年的发展,与航天技术的发展始终保持着紧密联系,充放电领域的权威专家 Garrett 和 Whittlesey 将充放电效应的研究历程大致分成五个阶段:

第一阶段(20 世纪 50 年代):卫星充放电效应研究的起步阶段。1955 年,Johnson 和 Meadows 首次就充放电效应进行了报道,同时,国外开始在火箭上搭载传感器对电离层进行测量,这揭开了卫星充放电效应研究的篇章。

第二阶段(1957—1962 年):其标志为 1957 年 Sputnik 卫星的发射。在 1961年 Chopra 建立了航天器带电的基本理论,同时,Sputnik – 3 首次进行了表面电位的测量。火箭和卫星的观测数据证实了确实存在卫星带电现象,并能够对卫星的运行造成威胁。

第三阶段(1963—1965 年):标志是卫星充放电模型的开发以及精确测量技术在火箭和卫星上的应用。在此阶段,国外就卫星充放电效应开展了广泛的研究工作,其代表如 1963 年 Brundin 和 Bourdeau 对带电研究的全面回顾。1965年,Singer 出版了第一部完整的关于航天器带电的专业书籍。

第四阶段(1965—1980 年):标志性成果是非常成熟的带电理论的建立。1973 年,美国空军的 DSCS(Defense Space System Communication Satellite)9431卫星因放电导致通信单元供电失效,这一事件使得 NASA 与美国空军联手发展带电控制技术。也正是在此阶段,开发出了著名的带电分析预测软件 NASCAP/GEO。1979 年,高轨道带电技术卫星(SCATHA,又称 P78 – 2 卫星)的发射标志着第四阶段的结束,同时,SCATHA 卫星的测试数据被成功地运用到了带电控制方法的研究上。

第五阶段(1980 年至今):此阶段主要关注内带电、大尺寸结构 LEO 带电和高功率卫星带电效应研究。这一阶段的标志性事件包括:1982 年和 1983 年,发射了两颗 DMSP(Defense Meteorological Satellite Program)极轨卫星,用于研究低高度极区电子环境并收集极光活动信息,这可以看作第五阶段的开始;1984 年,NASA 开发了完整的表面带电分析软件,主要包括 NASCAP/GEO、NASCAP/LEO和 NASCAP/PEO 三套软件;1984 年,NASA 编制并发布了表面带电控制与防护设计指南(NASA – TP – 2361);1990 年,美国发射了 CRRES 卫星研究卫星内带电效应;1999 年 NASA 又编制了内带电效应防护手册(NASA – HDBK – 4002),

并于 2010 年 3 月进行了修订(NASA - HDBK - 4002A);2000 年,ESA 开发了卫星内带电分析软件(DICTAT)。

1.3.1 仿真软件

自从发现航天器表面带电引起故障以后,航天器表面带电分析技术就一直是国际宇航界研究的一个重要内容,在其预测分析、材料选取、带电引起的放电损伤、评价及其防护技术方面进行了大量的研究,并初步研发了一些用于航天器表面带电分析的软件。

由于经费和地面模拟试验技术条件的制约,在地面实现航天器表面带电试验是较为困难的。因此,利用航天器带电分析软件进行计算机仿真计算成为国际上航天器带电分析的一个重要手段,这也促使航天器带电分析软件在八九十年代成为一个热门课题。国外在建立的各种模型和算法的基础上,开发了 NASACAP、NASACAP2K、SPIS、DICTAT、Builder 等众多先进的充放电仿真软件,对卫星充放电效应进行了有效的分析和评估。

1. 表面充放电效应仿真分析研究

在表面带电仿真分析技术方面,国际上先后利用磁流体力学方法(MHD)、单元粒子法(PIC)等开发了许多成熟的表面带电分析软件。以 NASCAP 为代表的众多的卫星带电分析软件的开发应用,使国外已掌握了整星的表面带电分析评估技术。

NASCAP 是最著名的卫星带电分析软件,可计算各种空间环境下卫星三维表面的带电状况。它是由 NASCAP/GEO、NASCAP/LEO 等部分组成的。

NASCAP/GEO 是 1976—1984 年期间由 NASA/Lewis 研究中心与美国空军地球物理实验室开发的用于分析地球同步轨道带电的软件。该软件被大量地用于多颗卫星的表面带电状况分析。

NASCAP/LEO 是 1980—1990 年期间 NASA/Lewis 研究中心研制开发的。目的在于进行高密度、短德拜长度的等离子体与卫星相互作用研究。它首创了将任意物体嵌入立体网格中进行分析的方法,可以对较小物体的重要特征进行局部细分;包括对太阳阵表面、太阳阵电路及流体力学离子膨胀模拟。

NASCAP2K 是 NASA 新近开发的卫星表面带电分析软件,它继承了 NASCAP 的优点,采用了先进的边界元法(BEM)计算卫星表面电位,通过求解连续电场的方法分析空间电势。整个计算过程包括三维物体的定义、泊松方程的直接求解、材料次级效应的处理、空间电荷运动模拟等,可用于整星三维表面电位的计算,其典型的计算结果如图 1 - 8 所示。

POLAR(Potential of Large objects in the Auroral Region)是 Phillips 实验室开发的,用于极轨卫星在极区电子环境下的带电分析,主要包括对三维物体的定义、泊松方程的直接求解、空间电荷的传输以及表面带电的计算。POLAR 所涉及的物理效应包括等离子体尾迹与迎风、地磁场、鞘层与势垒结构、光电子与二次电子的产生与传输等。

ESCAPE 是 ESA 与莫斯科应用力学与电动力学研究所(RIAME)合作开发的"人为等离子体环境静电充电"软件,用于计算 GEO 轨道电推进等离子体引起的表面电荷和卫星电位变化。该软件的主要输入条件包括卫星的几何结构、表面材料性质、GEO 轨道环境

图 1-8 NASCAP2K 整星三维表面电位的计算结果

参数、推进器位置、羽流方向、粒子速度和电流密度分布等。输出结果包括充电电位和电场随时间的变化,各种粒子流密度随时间的变化,表面电位和电场强度的 3D 显示,电推进发射的电子和离子轨迹等。

俄罗斯克拉斯诺雅尔斯克国立技术大学宇宙物理实验室(RLC. KSTU)也开发了用于 GEO 卫星带电的动态三维模拟软件(ECO - M),该软件可实现卫星在等离子体环境中带电的动态三维模拟。通过对卫星基本单元上表面电流、存储电荷和电压的迭代计算来达到动态模拟的目的。

随着对于空间等离子体与卫星之间相互作用的认识不断提高,国外开始研究新的仿真方法和模型去模拟和分析卫星与空间等离子体之间相互作用产生的效应,其中较为典型的是 PIC(Particlein Cell)方法。PIC 方法是一种功能强大的数值计算方法,能够比较精确地模拟复杂的卫星结构与空间等离子体之间的相互作用。PIC 是一种微观的、精确的等离子体模拟方法,主要通过跟踪大量电子和离子在电磁场中的运动来描述等离子体的动力学行为。PIC 方法以动态的等离子体模型为基础,把等离子体当成是由一组宏观的运动粒子组成的网络,每个网格单元中包含不同数量的粒子,在 Euler 网格上定义场变量,用质点表征等离子体网格中的电荷,在 Euler 网格中配置离散的 Lagrange 质点,利用麦克斯韦方程求解质点的运动并计算通过网格边界的输运量,确定网格点的电荷密度、电流和等离子体宏观特性。因此利用 PIC 方法处理复杂的结构卫星与空间等离子体之间的相互作用时,也可以把待模拟的物体分解成许多网格单元,由此计算卫星表面电位分布和其周围电场的变化。PIC 仿真分析方法同其他同类数值方法相比,特别是在处理一些动态目标和特殊结构方面,具有独特的优势。所以 PIC 方法能精确动态的模拟空间等离子体对卫星的充电过程,符合现代复杂结构卫星与空间等离子体相互作用的仿真分析研究需求。

国外在 PIC 方法模拟卫星和空间等离子体相互作用方面开展了大量的工作,并在其开发的新一代卫星与等离子体相互作用分析软件中都采用了先进的 PIC 作为其数值模拟计算方法。1990 年,ESA/TOS - EMA 开发了 LEO/PEO 轨

道的处理卫星与等离子体相互作用的软件,其中数值计算采用二维 PIC 方法。法国的 J - F. Roussel 利用 PIC 方法开发了 SILECS 软件,用于模拟分析 Rosetta 和 cometary 等离子体相互作用效应。奥地利国家研究中心采用三维单元粒子法分别对 Hall 和 Ion 等电推进器诱导产生的特殊空间等离子体环境与其相互作用效应进行了模拟分析。英国剑桥大学与空军研究实验室利用 PIC 方法研究航天器裸露电缆在空间等离子体环境中的电流收集作用。美国 Alabama 大学应用 PIC 数值计算方法对 SCHAWS 卫星进行了带电的仿真研究。PIC 方法最具代表性的应用成果是由欧洲 IRF - K/CNRS - UVSQ/CETP 和 ESA/TOS - EMA 共同开发研制的 PicUP3D/Spis 航天器等离子体相互作用模拟软件,它以三维 PIC 为基础,在航天器几何形状描述中使用了非结构图形,在场微商中使用了 Xapacitance - Matrix 方法,可用于航天器与等离子体相互作用的精确数值模拟计算。

2. 内带电效应仿真分析研究

ESA 在 20 世纪 80 年代开发了用于分析内带电的软件 ESABASS,该软件能计算在高能电子的辐照下,复杂卫星结构的介质材料产生的电场分布。在 20 世纪 90 年代,ESA 又研制了 ESADDC 内带电分析软件。

近几年,ESA 又研制了内带电分析软件 DICTAT,包括辐射诱导电导率、场致诱导电导率和环境温度因素的介质电导率的计算模型,可计算星内介质材料的充电电流、内部电场、表面电位和发生内带电所需的充电时间等参数。在 DICTAT 中,利用解析方程描述电子在屏蔽物上的运动和沉积,介质体最大电场根据欧姆定律和简单的电容器理论获得,通过计算得到的最大电场与一种 ESD 极限试验测试方法结果进行比较,判定结构是否会放电。该软件可对卫星空间内带电风险进行评估,目前已广泛应用于卫星工程设计中。

加拿大 Ottawa 国防研究中心开发了卫星电荷沉积三维分析软件 Builder。该软件采用蒙特卡洛方法计算电子在卫星星体内的穿透与沉积,其计算的电子在材料内穿透轨迹如图 1 - 9 所示,由简单的几何体实现卫星建模,内带电空间环境模型采用分段电子能谱,软件可实现材料内部电场强度的计算。该软件已应用于 STRV 等卫星的内带电分析工作。

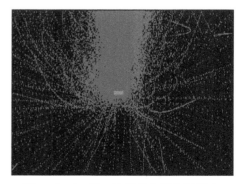

图 1 - 9 Builder 计算的电子在材料内穿透轨迹

这些软件发展较为完善,能处理三维的大型结构航天器,模拟的空间环境几乎包括了所有常见航天器经历的环境条件,软件本身自带了十几种常见的航天器表面材料的属性库。充电软件除了计算航天器的表面电位外,还能计算大型航天器的尾流结构、太阳电池阵的电能泄漏问题和航天器的浮动电位等。充电软件还可做到综合考虑空间磁场、光照等因素的影响,进行控制航天器充电的模拟研究、等离子体鞘层和尾流的模拟研究以及航天器故障分析判断等。

"十五"期间,我国开展了航天器表面带电的分析研究工作,并开展了航天器表面带电分析软件的开发工作,"十一五"期间又继续深入开展了航天器表面带电效应计算机仿真研究,在研究和总结航天器表面充放电特性参数及规律的基础上,获得了航天器表面带电计算分析的仿真方法,并编制了相应的计算机仿真软件。

目前,我国开发的航天器表面带电分析软件已被应用到地球同步轨道航天器表面带电的分析研究领域,开始发挥出一定的作用。同时,由于航天器结构的复杂性、应用材料种类的多样性以及材料相关参数数据的不完整等这些客观条件的存在,目前已开发的软件还有待于进一步完善。

1.3.2 航天器表面带电地面模拟试验设备

国外对航天器表面带电试验非常重视,美国、法国、德国、日本等国总共建立了数十台航天器表面带电地面模拟试验设备,一些主要设备的基本情况如表1-2所列。

表1-2 国外航天器表面带电地面模拟试验设备基本情况

设备拥有单位	设备构建时间	尺寸	基本技术指标	备注
美国 NASA 刘易斯研究中心	1974 年	设备尺寸: $\phi 1.8m \times 1.8m$ 试件尺寸: $30cm \times 30cm$	电子能量:30keV 束流密度:$0 \sim 5nA/cm^2$ 不均匀性:$\leqslant 30\%$	该设备已用于多项材料与部件的试验
美国飞行研究公司(MRC)	1975 年	设备尺寸: $\phi 4m \times 6m$	电子能量:$3 \sim 15keV$ 束流密度:$0 \sim 10nA/cm^2$	该设备主要研究分系统和系统级带电效应,曾用于 Skynet(天网)卫星鉴定模型的试验
美国 TRW 公司	1978 年	设备尺寸: $\phi 0.61m \times 1.2m$ 试件尺寸: $\phi 200mm$	电子能量:20keV 束流密度:$10 \sim 1000nA/cm^2$	该设备主要研究部件级带电效应,曾用于 TDRSS 卫星太阳阵的试验
法国空间研究与技术部(DERTS)	1976 年	设备尺寸: $\phi 0.6m \times 0.8m$	电子能量:$4 \sim 25keV$ 束流密度:$10nA/cm^2$ 不均匀性:$\leqslant 20\%$	——
法国国家空间局(CNES)	1978 年	设备尺寸: $\phi 7m \times 8.9m$	电子能量:30keV 束流密度:$1nA/cm^2$ 不均匀性:$\leqslant 30\%$	该设备主要研究分系统级和系统级带电效应,曾用于欧洲气象卫星工程模型的试验

（续）

设备拥有单位	设备构建时间	尺寸	基本技术指标	备注
德国航空航天研究院（DFVLR）	1976 年	设备尺寸：$\phi2.5m \times 5m$ 试件尺寸：$70cm \times 70cm$	电子能量：$0 \sim 60keV$ 束流密度：$1 \sim 100nA/cm^2$ 不均匀性：$\leqslant 30\%$	该设备主要研究组件级带电效应，曾用于 CTS 卫星太阳阵试验
日本九州理工大学	——	设备尺寸：$\phi1m \times 1.2m$	电子能量：$0 \sim 30keV$ 束流密度： $30\mu A/cm^2$（2.5kV 时） $3mA/cm^2$（15kV 时）	——

国外航天器表面带电地面模拟试验设备通常采用一把或多把单能电子枪，能量一般在 $0 \sim 30keV$ 可调，辐照面束流密度一般在 nA/cm^2 量级，每把电子枪辐照面直径均不超过 $1m^2$，对于更大尺寸试件则采用金属箔散射法或多把电子枪叠加辐照的方法实现试验要求。

我国 20 世纪 80 年代初期开始了对表面带电地面模拟试验系统的研究及构建，目前国内航天器表面带电地面模拟试验设备的基本情况如表 1-3 所列。

表 1-3　国内航天器表面带电地面模拟试验设备的基本情况

设备	尺寸	基本技术指标
510 所 $\phi450$ 试验设备	真空室尺寸：$\phi450mm \times 120mm$ 辐照尺寸：$\phi350mm$	电子能量：$0 \sim 50keV$ 束流密度：$0 \sim 50nA/cm^2$
510 所 $\phi900$ 试验设备	真空室尺寸：$\phi900mm \times 1600mm$	电子能量：$0.5 \sim 50keV$ 束流密度：$0.1 \sim 20nA/cm^2$ 不均匀性：$\leqslant 30\%$
511 所 $\phi800$ 试验设备	真空室尺寸：$\phi800mm \times 1200mm$ 辐照尺寸：$\phi150mm$	电子能量：$5 \sim 50keV$ 束流密度：$0.1 \sim 20nA/cm^2$ 不均匀性：$\leqslant 20\%$
511 所 $\phi500$ 试验设备	真空室尺寸：$\phi500mm \times 700mm$ 辐照尺寸：$\phi300mm$	电子能量：$5 \sim 30keV$ 束流密度：$1 \sim 100nA/cm^2$ 不均匀性：$\leqslant 25\%$
中科院电子所设备	真空室尺寸：$\phi1m \times 1.2mm$ 辐照面积：$1m^2$	电子能量：$1 \sim 25keV$ 束流密度：$10nA \sim 0.5mA/cm^2$ 不均匀性：$\leqslant 30\%$

我国在"十五"和"十一五"期间，都支持了一些航天器表面带电地面模拟试验的新技术、新方法的研究，国内一些相关研究单位通过自主设计研制或从国外引进的方式，构建了航天器表面带电地面模拟试验设备，在航天器表面带电机理研究、带电规律及航天器表面带电防护技术等方面开展了相关研究和试验工作。

近年来,我国开展航天器表面带电相关问题研究的单位有所增加,用于航天器表面带电地面模拟试验的设备也增加了不少,但是应该看到,国内的研究发展现状与国外相比仍有较大的差距:

(1)国外具备大型的地面模拟试验设备;

(2)国外如美国有专门的地磁亚暴环境试验卫星;

(3)国外有大量的实验室基础研究数据,这是长期科研高投入的结果,而我们这方面试验数据太少;

(4)美国等国家发射了大量的地球同步轨道卫星,有丰富的在轨运行经验。

1.3.3 航天器带电防护技术

航天器表面和内部的充电问题应该在航天器设计的最初阶段就充分考虑。NASA 的几个报告提供了设计指南,也可在欧洲联合航天器标准(European Co-operation on Spacecraft Standard,ECSS)中找到相应的标准。防止电弧发生的主要手段是接地,同时,航天器的绝缘体和传导路径都需要精心地设计,以实现最小的内部充电。NASA TP‐2361 中包括了以下内容:

(1)接地:航天器上所有的传导元件,无论是在航天器表面还是内部,都必须与航天器的结构地保持电气连接,可以直接连接,也可以通过放电电阻连接。

(2)表面材料:为控制航天器不等量充电的程度,航天器所有的表面材料必须满足至少部分导电的要求。

(3)屏蔽:主要航天器结构、电子组件外壳和电缆屏蔽层的电设备和电缆均要提供在物理上和电气上连续的屏蔽面(法拉第屏蔽)。

(4)过滤:应用电子过滤器防止电路在放电时产生故障。

(5)程序:需制定正确的处理、集成、检查和测试程序,空间接地系统的电连续性。

(6)阻抗:暴露的导电材料必须使用尽可能小的电阻与结构接地。

在新型航天器表面防静电薄膜材料的研制方面,日本、俄罗斯、美国等国家开展了大量的研究工作,通过对材料进行改性处理、往材料里添加半导体氧化物等方法研制出一些新型的、性能优异的防静电涂料,用以涂敷与航天器外表面上来缓解航天器表面材料的表面带电,取得了一定的效果。

我国在航天器表面带电地面防护技术方面的研究工作已开展了 40 余年,这方面的研究单位在逐渐增多,也取得了一批研究成果:在空间静电防护方面,兰州物理研究所长期以来坚持从事航天器空间材料环境效应、航天器带电技术和空间等离子体环境效应等方面的研究,已建造了较为完善的用于空间材料表面充放电特性试验评价的设备,并逐步形成了一套有效试验方法,近年来,已完成了我国多个航天器型号的表面材料充放电特性试验评价工作。此外,该研究所在卫星天线抗静电技术及卫星柔性热控薄膜研究方面取得了一定的进展。北京卫星环境工程研究所从事航天器空间环境模拟与效应研究,对缓解航天器带电方法进行了综合研究,并设计出针对带电粒子的主动防护方法。中国科学院空间科学与应用研究中心对空间环境的探测进行了研究,并研究了空间环境对航天器的影响及其对策,提出了航天器太阳电池阵静电放电实时在轨监测方法。中国电子科技集团公司第十八研究所针对高压大功率卫星太阳电池阵的防高压静电放电问题进行了大量研究工作并设计了保护措施,通过试验验证其对于防护太阳电池电路持续放电有良好效果。武汉大学的电子信息学院相关研究单位在航天器充电的数值模拟方面进行了研究,为空间环境的理论建模及精确分析表面带电打下主要基础。西安交通大学国家重点实验室在航天器介质内电场的形成机理与防护方法方面也开展了研究,并取得了一定的研究成果。

所有这些研究成果说明了近年来我国对航天器安全性的研究从不同方面已经取得了一定的进展。但是,应该看到,由于起步较晚且投入不够,我国在航天器带电防护技术方面的研究工作还存在很多不足之处:航天器空间环境效应的相关研究水平远远不能满足航天器带电防护技术发展的需要,许多研究项目暂时还停留在理论研究水平,离工程化应用还有一定距离;目前,许多重要型号在轨航天器的故障定位及设计改进也急需航天器带电机理与风险评价方面的研究作基础。未来,我国应当加强航天器带电相关问题的基础性研究工作,如航天材料相关特性参数数据库的建立、航天器材料空间环境带电效应的研究、高指标航天器带电地面模拟试验设备的研制以及航天器带电分析软件的开发等,同时将重点发展长寿命应用航天器、载人航天和深空探测,这样就对航天器带电防护技术的发展提出了非常迫切的需求。

第2章 航天器充放电物理概述

航天器在轨运行期间,受空间等离子体、高能电子和太阳辐射等环境的影响,会在航天器表面及介质材料内部发生静电荷的积累及泄放过程,这一过程称为"航天器充放电过程"。静电放电会造成航天器表面材料的击穿、太阳电池阵性能的下降,其产生的电磁脉冲干扰会使星上敏感电子设备/系统出现误操作或者损坏,从而影响航天器的在轨安全运行。

本章将介绍与航天器充放电有关的基本物理概念、航天器空间环境、介质材料的带电机理与表面结构的关系等内容。

2.1 物理概念

当来自周围等离子环境和其他高能粒子环境的带电粒子沉积在航天器上时,航天器就会发生充电现象,充电部位可以发生在航天器表面、内部构件、介质材料或者导体上。太阳光子发射也会引起充电现象的发生。另外,航天器材料的体电阻率、表面电阻率、二次电子发射系数等带电特性参数以及材料的表面带电状况和材料结构等都会对航天器带电过程产生重要影响。航天器与空间粒子相互作用过程如图2-1所示。

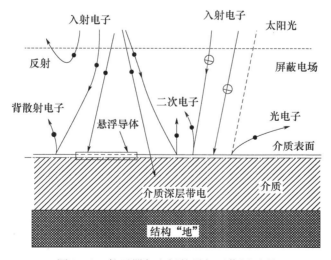

图2-1 航天器与空间粒子相互作用过程

2.1.1 等离子体

等离子体是完全电离或者部分电离的气体,其包含的正电荷和负电荷的数目完全相等。等离子体的正电荷,除了低地球轨道(Low Earth Orbit,LEO)中是大量的氧离子(O^{2+})外,本书中考虑的其他带电环境中一般都是大量的氢离子(H^+)。例如,地球同步轨道(Geostationary Earth Orbit,GEO),组成等离子体的物质主要是质子和电子,电子和质子以不同的速度作均匀自由运动,如图2-2所示。

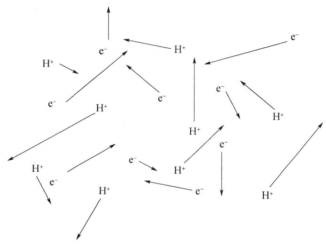

图2-2 等离子体简图

等离子体的能量,包括它的电子和离子,通常采用电子伏(eV)这一单位来描述,等离子体物理学家也常常使用温度(T)这一单位来描述等离子体的动能。对于电子而言,数值上,$T(\text{K}) = T(\text{eV}) \times 11604$,也就是说,4300eV 相当于 $5 \times 10^7 \text{K}$。

等离子体中粒子的动能用下式表示:

$$E = \frac{1}{2}mv^2 \tag{2-1}$$

式中:E 为能量;m 为粒子的质量;v 为粒子的运动速度。

根据能量守恒定律,在处于动态平衡状态的等离子体中,电子和质子的动能相等,即

$$\frac{1}{2}m_e v_e^2 = \frac{1}{2}m_i v_i^2 \tag{2-2}$$

式中:m_e 为电子的质量;m_i 为离子的质量;v_e 为电子的运动速度;v_i 为离子的运动速度。

当航天器处于空间等离子体环境中时,等离子体中电子和离子的热运动能

量相当。由于离子的质量远远大于电子的质量,约为电子质量的 1836 倍,因而同等能量条件下,电子的热运动速度将远远大于离子,约为离子速度的 43 倍。当等离子体与航天器表面接触时,等离子体内的电子和离子在静电引力的作用下向航天器表面运动。由于电子的平均速率大,初始到达航天器表面的电子数目将远远超过离子数目,使得航天器表面积聚了大量的负电荷,从而使航天器表面带负电位。负电位产生的电场将阻止低能量的电子向航天器表面运动,而吸引更多的离子向航天器表面运动,结果使得流向航天器表面的电子流密度逐渐减小,离子流密度逐渐增大。当航天器表面的电子流密度和离子流密度达到动态平衡时,航天器表面的电位达到最大值。

关于空间等离子体的相关理论,将在后面章节中详细论述。

2.1.2 航天器表面带电

在空间运行的航天器与周围等离子体、磁场和太阳辐射等环境因素的相互作用下,导致电荷在航天器表面积累,使航天器表面与空间等离子体间或者航天器不同部位间充电至不同电位的现象,称为航天器表面带电(图 2-3)。引起航天器表面带电的等离子体粒子能量较低,一般在 50keV 以下。这种粒子几乎不能穿透航天器表面(入射深度在微米量级以内)而在表面积累,当电荷积累到一定程度,其产生的电场超过该表面材料的耐压阈值时,表面材料被击穿,出现静电放电(Electrostatic Discharge,ESD)。静电放电产生的电脉冲会干扰航天器设备,甚至导致航天器失效。

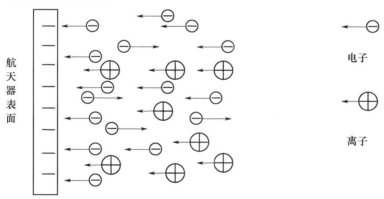

图 2-3 空间等离子体环境中航天器表面充电过程

表面带电分为绝对带电和不等量带电两种类型。其中:绝对带电是指整个航天器相对空间等离子体的电位发生整体性改变时的带电现象;不等量带电是指航天器的不同部位带有不同电位的带电现象。在空间环境中,由于材料的电导率、二次电子发射系数、光照条件、导体的接地状态等不同,航天器各部位会充电至不同的电位,当此电位差超过击穿阈值时,会导致局部放电,不等量带电是产生航天器空间静电放电的主要原因。

2.1.3 航天器介质深层带电

介质深层带电是指能量范围在 0.1~10MeV 的电子穿过航天器表面后，在其内部电介质或悬浮金属内部从而建立电场的过程，又称为内带电或深层带电。引起介质深层带电的空间高能电子主要来自太阳日冕物喷射所形成的太阳风。太阳风是包含各种能量的带电粒子流，它们在行星际磁场及地球磁场限制和约束的有限范围内，形成了特定的电荷分布区域。图 2-4 为地球磁层示意图。

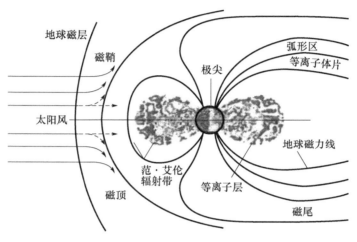

图 2-4 地球磁层示意图

对围绕地球运行的航天器威胁最大的是范·艾伦辐射带，它是在近地空间被地磁场捕获的高通量带电粒子辐射区域，包括内辐射带和外辐射带两个同心环区域。GEO 卫星、中高度地球轨道（Medium Earth Orbit，MEO）卫星以及工作于大椭圆轨道的卫星都需穿过范·艾伦辐射带。长期以来，该辐射带尤其是外辐射带的辐射环境是介质深层带电环境的研究热点。外辐射带的空间分布范围较广（$3R_e$~$8R_e$，R_e 为地球半径），中心位置距离地球约 20000~25000km，厚度约为 6000km，纬度约为南北 55°~70° 之间。

高能电子具有很强的穿透能力，当其入射到航天器内部的孤立导体和介质中就会引发介质深层带电，如图 2-5 所示。

放电时，产生的电磁脉冲会通过内部金属连线和天线等耦合进入航天器的电路，造成数据翻转，干扰甚至破坏电子系统的正常工作，严重时可能造成航天器控制系统失控，大能量放电还可能导致介质（如印制电路板、太阳能电池板等）局部被击穿，使电路瞬态短路或太阳电池输出功率降低。

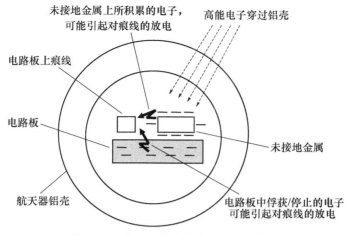

图 2 - 5　内部充放电的发生过程示意图

2.1.4　电导率与接地

材料的电导率在决定放电能否发生过程中扮演着非常重要的角色。航天器内带电能否造成危害取决于充电过程中累计电荷激发的场强是否超过了击穿阈值并产生静电放电。电荷的累计程度取决于电荷沉积后的保持量。因为 GEO 上内部电荷通量约为 pA/cm^2 量级（$1pA = 10^{-12}A$），电阻约为 $10^{12}\Omega \cdot cm$ 量级，如果材料接地，电荷就会被导走，从而使得局部高场强条件难以形成，避免了电弧现象的发生。遗憾的是，现代航天器上使用了数量众多的介质材料，如聚四氟乙烯（Teflon）、聚酰亚胺（Kapton）、PCB 基板和电缆外皮等，这些介质材料都具有较高的电阻率，容易积累电荷且不易释放，从而引发各种问题。如果内部电荷的沉积率超过了电荷的消散速率，这些性能极佳的绝缘材料就会积累足够的电荷，从而引发对附近导体的放电。如果导体连接或靠近敏感组件，就会造成敏感组件电路出现损伤或故障。

对于金属而言，尽管它们具有良好的导电性，但是，如果它们被电气绝缘（大于 $10^{12}\Omega$）也可能带来问题。一些常见的孤立金属（尽管是不希望有的）包括辐射场屏蔽物、故意绝缘的结构、电容器壳、集成电路和混合箱、变压器铁芯、继电器线圈壳以及设计时被孤立的导线等，这些孤立的金属物体可能成为内带电威胁。

2.1.5　击穿电压

所谓的击穿电压，是指该电压激发的场强超过了特定试样（或空气间隙）的绝缘击穿场强，从而引发击穿（电弧）的发生。击穿电压取决于材料本身的绝缘强度和材料的厚度。实际观测到材料制造时产生的污染或处理时造成的损伤都能够改变材料的绝缘强度。通常情况下,如果材料确切的绝缘场强不清楚,那么,对于大多数常用的性能好的航天器介质材料来说,当内部电场超过 2×10^5 V/cm(2×10^7 V/m)时就会发生击穿。举例来说,实际常用的印制电路板上不可避免地存在许多尖角、接口和路线,这些部位的场强相对要高,因此击穿电压会更低,放电更容易发生。

2.1.6 电子通量

对于内部静电放电而言,某一位置特定时间内的电子通量是一个关键参量。Combined Release and Radiation Effects Satellite(CRRES)卫星以及其他卫星的观测数据表明,通常情况下,如果入射到内部的电子通量低于 0.1 pA/cm²,那么很少发生内带电问题。对于 GEO 轨道,3MeV 以上的电子通量一般都低于 0.1 pA/cm²,因此,采用 2.8mm 厚的铝板(或者与之等效的其他材料)就可以达到防护的目的。

现代航天器构建具有更薄的壳壁,甚至只有一层热涂层(更小的质量),因此,对于内带电问题,简单的处理方法(增加屏蔽)就难以实施。尽管如此,在敏感区域附近增加局部屏蔽措施(接地)多数情况下能够起到作用。

需要注意的是,上面提到的 0.1 pA/cm² 这个近似值作为内带电问题的规定阈值是基于试验得到的,而不是基于物理学,因此具有一定的局限性。

2.1.7 二次放电

二次放电又称为持续放电,是指在航天器大功率高压供配电部件中,由一次放电(包括表面带电和内带电产生的放电)触发,引起的两个电极间持续时间较长的放电(由星上能源系统供给维持放电的能量),二次放电会造成局部电路短路,如图 2-6 所示。由于二次放电的能量一般远远大于一次放电,会造成航天器功率的损失甚至完全丧失,从而影响航天器的功能和寿命。

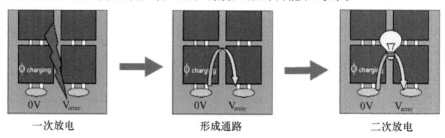

一次放电　　　　　　　　形成通路　　　　　　　　二次放电

图 2-6 二次放电示意图

2.1.8 尾区带电

在低地球轨道(LEO),航天器的速度大于离子速度而远小于电子速度,在航天器尾部形成的离子"真空"区称为"尾区"。在尾区,由于缺乏离子的中和,航天器表面容易产生较高的负电位。特别是对于极轨航天器,当极光电子注入航天器尾区时,航天器尾部表面在短时间内就可以形成极其严重的不等量带电,如图2-7所示。尾区带电效应是一种表面带电效应,其带电程度与航天器的尺寸直接相关。国外研究表明,直径为10m的卫星(或天线等大型有效载荷)尾区充电电位可达上万伏。运行在极轨的低轨侦察卫星通常采用大型天线,当其经过极区时,表面会产生较高的电位,由于大型结构具有较大的充电电容,放电产生的能量巨大,因此对卫星的损伤也比较严重。

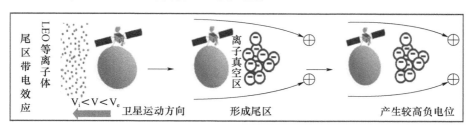

图2-7　尾区带电过程示意图

2.1.9　材料的特性参数

材料的特性参数主要包括材料表面电导率、本征电导率、辐射诱导电导率、场致诱导电导率、二次电子发射系数、光电子发射系数和背散射电子发射系数等。

(1)表面电导率。材料表面单位宽度上的电流与平行于电流方向的电位梯度比。它决定了材料表面电荷的泄放能力,严重影响了材料的表面带电状况。

(2)本征电导率。材料固有的电导率,它决定了材料电荷的泄放能力,严重影响材料的表面带电和内带电状况。

(3)辐射诱导电导率。在空间辐射条件下,介质材料由于辐射电离产生的电导率称为辐射诱导电导率,通常远大于材料的本征电导率,会对材料的内带电状况产生严重影响。

(4)场致诱导电导率。在外加电场的作用下,介质材料由于场致电离产生的电导率称为场致诱导电导率,是影响材料带电状况的重要因素。

(5)二次电子发射系数。具有一定能量的粒子轰击材料表面时引起二次电子从表面发射,二次电子与入射粒子数目之比为二次电子发射系数,对表面充电和放电有重要影响,是产生表面不等量带电的重要原因。

(6)光电子发射系数。由于光电效应,光子将从材料中激发光电子,光电子束流与光照强度之比为光电子发射系数。由于光电子束流通常远大于空间入射电子束流,卫星表面电位能在较短的时间内从较高的负电位变成正电位,从而加大了光照区和非光照区的不等量带电状况,容易产生放电。

(7)背散射电子发射系数。具有一定能量的电子轰击物体表面时,由于弹性碰撞引起电子(背散射电子)从表面发射,背散射电子与入射电子数目之比为背散射电子发射系数,它对表面充电有一定影响。

以上材料特性参数的理论计算将在后面章节中详细论述。

2.2 航天器空间环境

航天器经历的空间环境具有复杂多变、极端严酷等特点,而且各种空间环境对航天器造成的环境效应各不相同,存在不同的综合效应,对航天器静电带电的影响因素及影响程度各有差别。为了保证航天器静电环境模拟的真实性、可靠性,对航天器静电带电进行了深入研究,从机理上把握航天器带电规律及影响因素,必须对航天器经历的空间环境及其静电效应进行分析。

2.2.1 真空环境及其效应

航天器运行轨道高度不同,真空度也不同,轨道越高,真空度越高。真空环境带来的效应如下:

(1)压力差效应。压力差的影响在 $1 \times 10^2 \sim 1 \times 10^5 Pa$ 的粗真空范围发生。在航天器的密封容器进入稀薄气体层后,由于容器内外气压差最大可达近一个大气压,容器承受极大的内部压力,可能会导致密封舱变形甚至损坏,导致贮罐中液体或气体发生泄漏,严重影响了航天器的使用寿命。

(2)真空放电效应。真空放电发生在 $1 \times 10^{-1} \sim 1 \times 10^3 Pa$ 的低真空范围,当真空度达到 $1 \times 10^{-2} Pa$ 或更高时,真空中存在一定距离的两个金属表面受到具有一定能量的电子碰撞时,会从金属表面激发出更多的次级电子,这些次级电子还不断在两个面之间发生来回多次碰撞,并产生放电现象,这一现象称为微放电。金属由于发射次级电子而受到侵蚀,电子碰撞会引起温度升高,可使附近气体压力升高,甚至会造成严重的电晕放电。射频空腔波导管等装置有可能由于微放电而使其性能下降,甚至产生永久性失效。

(3)辐射传热效应。在空间真空环境下,航天器与外界的传热主要通过辐射形式。航天器表面的辐射特性对航天器热控起着重大作用,航天器的热设计必须考虑空间真空环境下以辐射传热与接触传热为主导的效应。

(4)真空出气效应。航天器在材料和涂层选择及设计上必须考虑真空出气的影响。在真空度高于 $1 \times 10^{-2} Pa$ 的情况下,材料表面可能会有气体不断地释放出来。释放出来的气体可能重新凝聚在航天器的低温部件上,产生污染。受到污染后,航天器系统的光学性能下降,太阳辐照的吸收率增加大,航天器的平均温度升高。

（5）材料蒸发、升华和分解效应。考虑空间材料的蒸发、升华会造成材料的变化,引起材料质量损失,造成有机物的膨胀,原有性能发生改变,如改变物理性能与介电性能,导致自污染等。

（6）黏着和冷焊效应。黏着和冷焊一般发生在 $1 \times 10^{-7} Pa$ 以上的超高真空环境下。这种现象可使航天器的一些部件出现故障,如加速轴承的磨损,缩短其工作寿命,使电极滑环、电刷、继电器开关触点接触部位都可能出现故障。

（7）真空环境下的紫外辐照效应。在空间真空环境下,太阳紫外线和空间各种因素的联合作用可对硅太阳电池、温控涂层、复合材料等空间材料的性能有重要影响,如可使得硅太阳电池损伤,电池效率降低甚至完全失效;热控涂层老化,导致吸收率明显增大;复合材料中的黏结剂透过率降低等。

2.2.2　空间太阳辐照环境及其效应

太阳是一个巨大的辐射源,发射波长从 $1 \times 10^{-14} m$ 的射线到 $1 \times 10^{-4} m$ 的无线电波,不同波长辐射的能量大小不同,其中可见光的辐射能量最大(能量峰值的波长为 $0.48 \mu m$),太阳能量发出相当于 6000K 黑体的辐射能量,可见光红外部分的能量占总能 90% 以上,是航天器真空热试验的主要环境之一,太阳能是在轨航天器飞行的主要能源。地球轨道上,距太阳 $1.5 \times 10^{8} km$ 处的太阳辐照度为 $1.353 kW/m^2$,定义为一个太阳常数,这个值随太阳活动的变化范围为 ±2% ,一年四季变化范围为 ±3.5% 。

（1）热辐射效应。红外和可见光谱段可以被航天器吸收,是航天器的主要热量来源之一,会影响到航天器的温度,航天器吸收热量的多少取决于结构外形、飞行高度和涂层材料等因素。若航天器的热设计处理不当,会造成航天器的温度过高或过低,影响航天器的正常运行。

（2）机械应力的影响。太阳辐照压力对航天器所产生的机械力,会严重地影响航天器的飞行姿态和自旋,尤其是航天器由于受热不均匀引起的热弯曲效应更大。所以在设计航天器的姿态控制系统时,特别在设计高轨道航天器与重力梯度稳定的航天器的姿态控制系统时,必须考虑太阳辐照压力的机械应力影响。

（3）紫外辐照效应。在太阳总辐照中,虽然波长短于 300nm 的所有紫外辐照只占 1% 左右,但所起的作用却很大;当紫外线照射到航天器的金属表面时,由于光电效应,航天器表面产生许多自由电子,航天器表面的电位升高,干扰到航天器上的电子系统。

2.2.3　高能粒子辐射环境及其效应

高能粒子辐照主要来源于银河宇宙辐射、地磁捕获辐射带、太阳质子事件以及人工辐射带。其主要能量为 1 ~ 40MeV 。

银河宇宙辐射是来自太阳系之外的带电粒子流,其主要成分是高能质子(约占88%)、很少的α粒子和重核,粒子能量为$10^8 \sim 10^{20}$ eV,粒子通量为$2 \sim 4/(cm^2 \cdot s)$。银河宇宙射线基本上是空间同性的,由于粒子的能量很高,难以对它屏蔽,但其通量很低,计量一般不超过几毫拉德(小于10^{-5}Gy)。

地磁捕获辐射带是指地球磁层中被地磁场俘获的高能带电粒子区域,有时也称为地磁俘获带。由于地球辐射带最早是由美国学者范·阿伦(Van Allen)探测发现的,所以也称它为范·阿伦(Van Allen)辐射带。其大小约为六七个地球半径,其内部带电粒子空间分布不均匀,比较集中地形成了2个辐射带:内辐射带和外辐射带。

内辐射带在赤道平面上空$600 \sim 6000$km高度,主要为高能电子和质子,也有少量重离子,能量在几兆电子伏到几十兆电子伏,内辐射带的主要参数如表2-1所列。

表2-1 内辐射带的主要参数

粒子类型	能量 E 范围/MeV	最大通量/($cm^{-2} \cdot s^{-1}$)	中心位置高度/km
质子	>4	>10^6	~5000
	>15	>10^5	~4000
	>34	>10^4	~3500
	>50	>10^3	~3000
电子	>0.5	>10^8	~3000

外辐射带的空间范围很大,中心位置在赤道上空$20000 \sim 25000$km,纬度边界为$55° \sim 70°$,其主要成分为低能质子和电子,能量低于1MeV,最大通量可以达到$10J/(m^2 \cdot s)$。

太阳质子事件又称为太阳粒子事件,是指太阳耀斑发生时所伴随的大量高能质子发射,其质子能量为$10 \sim 1000$MeV,除了质子外,还会有少量的重核和α粒子。太阳质子事件发生时,还可能发生磁暴、电离层扰动、太阳X射线爆发等现象。

在高能粒子辐照环境中,航天器发生单粒子翻转事件、单粒子锁定事件以及辐照损伤,导致航天器上的各种电子器件、材料等性能变差或损坏。

2.2.4 空间等离子体环境及其效应

空间等离子体环境,来源于太阳辐射与地球磁场、地球高层残余大气的相互作用,产生复杂多变的日地空间等离子体环境。从离地面约60km起,直至与星际空间的等离子体相接的广大区域均属于等离子层。等离子体的密度、组分、能量随高度变化而变化。$60 \sim 3000$km范围内太阳活动高峰时的典型电子密度、电子能量随高度的变化值如表 2 - 2 所列。

表 2 - 2　电子密度及电子能量随高度的变化值

高度/km	电子密度/cm^{-3}	电子能量/keV	高度/km	电子密度/cm^{-3}	电子能量/keV
60	2×10^2	0.05	800	3×10^5	0.26
85	1×10^4	0.05	900	2×10^5	0.27
140	2×10^5	0.05	1000	1×10^5	0.28
200	5×10^5	0.08	2000	2.5×10^4	0.30
300	2×10^6	0.19	3000	1.5×10^4	0.35
400	1.5×10^6	0.22	10000	2×10^3	1.00
500	1×10^6	0.23	20000	5×10^2	1.20
600	6×10^5	0.24	30000	1×10	9.00
700	4×10^5	0.25			

当航天器表面处于等离子体环境中时,等离子体环境中离子和电子的速度表达式为

$$\begin{cases} v_i = \sqrt{\dfrac{2E_i}{m_i}} = \sqrt{\dfrac{2kT_i}{m_i}} \\ v_e = \sqrt{\dfrac{2E_e}{m_e}} = \sqrt{\dfrac{2kT_e}{m_e}} \end{cases} \tag{2-3}$$

式中：v_i、v_e 分别为等离子体环境中离子和电子的平均运动速度；m_i、m_e 分别为等离子体环境中离子和电子的质量；E_i、E_e 分别为等离子体环境中离子和电子的能量；T_i、T_e 分别为等离子体环境中离子和电子的温度；k 为玻耳兹曼常数,是有关于温度能量的一个物理常数,通常取 $k = 1.381 \times 10^{-23}$ J/K。

由于正离子和电子所带的能量相差不大,而质子(最小正离子)的质量约为电子的 1836.5 倍,可得 $v_e \gg v_i$,使航天器表面与电子碰撞的概率和负电荷沉积的速率要大大超过质子,因而表面将积累负电荷,呈现负电位。而此负电位会降低表面负离子和电子的数量,直至正、负离子到达的概率相等,最终达到电位平衡。空间等离子体环境效应包括：

(1) 影响飞行姿态；

(2) 形成静电场,污染环境,影响探测结果；

(3) 产生放电脉冲,造成信号失真,影响材料性能和太阳电池的光电转换效率；

(4) 高压太阳电池阵产生弧光放电、电流泄漏。

2.2.5　空间磁层亚暴环境及其效应

地球磁层是指受太阳风(来自太阳的粒子流)和行星际磁场的限制与约束,

而地磁场起控制作用的有限的空间范围。磁层亚暴是发生在磁层内的经常性扰动,当磁层通过适当的方式存储 $10^{14} \sim 10^{15}$ J 的能量,然后在 1000s 左右的时间内将这些能量释放出来时,就使磁层产生扰动。当磁层出现亚暴时,同步轨道高度环境中原来的高密度(粒子数为 $10 \sim 100 \text{cm}^{-3}$)、低能量(小于 1eV)等离子体被低密度(粒子数小于 1cm^{-3})、高能量(1~50keV)等离子体所取代,此时航天器上的带电问题就会越加严重。

图 2 - 8　处于磁层亚暴环境中的 GEO 轨道卫星

据统计,1 年中有 30% 的时间能观测到亚暴活动,如图 2 - 8 所示。有 8% ~ 10% 的亚暴对地球同步轨道上运行的航天器有影响。美国在"应用技术航天器 5 号(ATS - 5,1969—1972)""应用技术航天器 6 号(ATS - 6,1974—1976)""高轨道带电试验研究航天器(SCATHA,1978 - 1979)"获得的环境数据基础上,给出了供设计和计算评估用的平均等离子体环境参数(见表 2 - 3)和置信度为 90% 的最恶劣情况下的地球同步高度地磁亚暴等离子体环境参数(见表 2 - 4),这是假定环境电流为各向同性,只考虑电子和质子,且用单麦克斯韦分布拟合的结果。

表 2 - 3　磁层亚暴期间地球同步轨道的平均等离子体环境

型号	ATS - 5		ATS - 6		P78 - 20	
粒子	电子	离子	电子	离子	电子	离子
密度/cm^{-3}	0.80	1.30	1.06	1.20	1.09	0.58
电流密度/($\text{nA} \cdot \text{cm}^{-2}$)	0.065	5.1	0.096	3.4	0.115	3.3
平均能量/keV	1.85	6.8	2.55	1.20	2.49	11.2

表 2 - 4　磁层亚暴期间地球同步轨道的最恶劣等离子体环境

粒子	电子	离子
密度/cm^{-3}	1.12	0.236
平均能量/keV	12	29.5
电流密度/($\text{pA} \cdot \text{cm}^{-2}$)	330	2.5

单麦克斯韦分布模型只用两个参数,受其限制,难以获得满意的拟合结果。对电子来说,单麦克斯韦分布会低估低能电子数量;对离子而言,单麦克斯韦分布拟合对低能和高能端的离子数量估计均低于实际值。对航天器异常的分析常常需要用符合实际情况的环境来描述,双麦克斯韦分布对于空间等离子体可以比单麦克斯韦分布更好地近似(由于其具有更多的自由参数,采用了 4 个参

数),因而拟合结果相比单麦克斯韦分布与实际分布函数接近得多。GEO 附近
(以及 25000km 以上的高轨、中高倾角和大约 150km 高的极光区)的热等离子体
中的电子和离子(质子)成分用双麦克斯韦分布函数表示如下:

$$f(v) = \left(\frac{m}{2\pi k}\right)^{3/2}\left[\frac{n_1}{T_1^{3/2}}\exp\left(\frac{-mv^2}{2kT_1}\right) + \left(\frac{n_2}{T_2^{3/2}}\right)\exp\left(\frac{-mv^2}{2kT_2}\right)\right] \qquad (2-4)$$

式中:$f(v)$ 为等离子体中离子和电子的分布函数;n_1 和 n_2 分别为第一和第二麦
克斯韦分布的粒子密度(电子或离子);T_1 和 T_2 分别为第一和第二麦克斯韦分
布的粒子温度(电子或离子)。

对应最恶劣等离子体环境的双麦克斯韦分布拟合结果见表 2-5。

表 2-5　磁层亚暴期间地球同步轨道的最恶劣等离子体环境

类别	n_1/cm^{-3}	n_2/cm^{-3}	kT_1/keV	kT_2/keV
电子	2.67	0.625	3.1	25.1
质子	0.6	1.2	0.2	28.0

需要注意,尽管表中电子和质子的数目不一定相等,空间等离子体整体依然
呈现电中性。这是因为还存在很多能量较低的等离子体成分,但是在这里因为
与带电过程无关而没有列出。

2.2.6　其他空间环境及效应

1. 空间冷黑环境及其效应

在轨运行航天器的热辐射全被太空所吸收,没有二次反射,这一环境就称为
冷黑环境,又称热沉。不考虑太阳与航天器的辐射,宇宙空间的能量密度为 $1 \times 10^{-5}\text{W/m}^2$,相当于温度为 3K 的黑体发出的能量。

航天器上的可伸缩性活动机构,如太阳电池阵、天线等,由于冷黑环境的影
响会使展开机构卡死,从而影响其伸展性能。另外,航天器上的某些有机材料也
会在冷黑环境下发生老化和脆化,影响材料的性能。

2. 空间磁场环境及其效应

地磁场的分布情况与位置和高度有关:地球赤道磁场弱,两极磁场强;高度
越高,磁场越弱,地面磁场约为 $5 \times 10^{-5}\text{T}$,离地面 1000km 处约为 $4.3 \times 10^{-5}\text{T}$,离
地面 40000km 处约为 $3 \times 10^{-7}\text{T}$。

空间磁场环境效应主要为:①影响航天器的轨道姿态;②影响航天器上磁性
仪器的测试精度。

3. 空间微重力环境及其效应

空间轨道上航天器的重力加速度为 $10^{-6}g \sim 10^{-3}g$,这种环境称为微重力环
境。微重力环境具有一些在地面上无法长时间实现、保持的特点:无浮力、无沉

积、无静压、无自由对流等。微重力会影响航天器的对接与分离、太阳电池阵与天线的展开,影响航天员的生理功能等。

4. 空间原子氧环境及其效应

原子氧是指低地球轨道上以原子态氧存在的残余气体环境。在这个轨道高度上,气体总压力为 $10^{-7} \sim 10^{-5}$ Pa,环境组分包括 N_2、O_2、Ar、He、H、O 等,粒子的密度为 $10^6 \sim 10^9/cm^3$。原子氧通过剥能和辉光放电与材料相互作用,与紫外辐照组合环境会加速对航天器材料的剥蚀。

5. 地球大气环境及其效应

地球大气在地球引力的作用下都集聚在地球表面附近。地球大气的成分主要有氮、氧、氩、二氧化碳、氖、甲烷、氧化氮、氢(这些气体在 80km 以下的相对比例保持不变,称为不变成分)、臭氧、水蒸气、液态和固态水(如雨、雾、雪、冰等)、盐粒、尘烟(这些气体的含量随高度、温度、位置而变、称为可变成分)等,其温度、电子密度等的垂直分布如图 2 - 9 所示。由地面向上包括对流层、平流层、电离层、外大气层等,各层大气具有不同的特点。

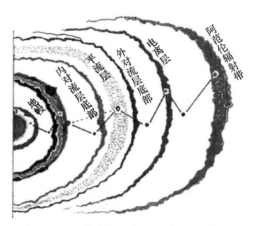

图 2 - 9 地球大气层多种因素构成分析

综上所述,航天器遇到的空间环境涉及因素十分复杂,包括真空、太阳辐照、冷黑、高能粒子辐射、等离子体、磁场、微重力、原子氧等,属于极端环境。空间环境对航天器的影响是综合效应,即一方面,一个环境因素可能对航天器产生多方面的影响;另一方面,一个航天器的状态也会受多种环境因素的作用。

涉及静电效应的空间环境主要有真空环境、太阳辐射环境、空间等离子体环境、空间磁层亚暴环境、高能粒子辐照环境和空间大气环境等,特别是空间等离子体环境和空间磁层亚暴环境,对航天器表面静电带电的影响最为密切,这部分内容将是本书重点关注的方面。第3章将专门对空间等离子体环境及其对航天器充放电效应进行详细介绍。

2.3 介质材料的带电机理

2.3.1 介质材料的能带结构

能带结构是分析半导体及绝缘体微观结构的有效途径之一。一般地,介质材料不易得到完整的单晶高分子,其结晶对称性差,缺乏很好的物理界面,基本上属于微晶或多晶物质,通常是晶相与无定形相共存。而其结构的复杂性也导致其能带结构与纯晶体相比差别很大。由于整个结构上的缺陷从而在禁带中引入大量的局域态(即陷阱),其能带典型结构模型如图 2-10 所示,图 2-11 为其能态密度图。图中的 E_c 为导带能级,T_e 为电子陷阱,E_v 为价带能级,$N(E)$ 为能态密度,T_h 为空穴陷阱。

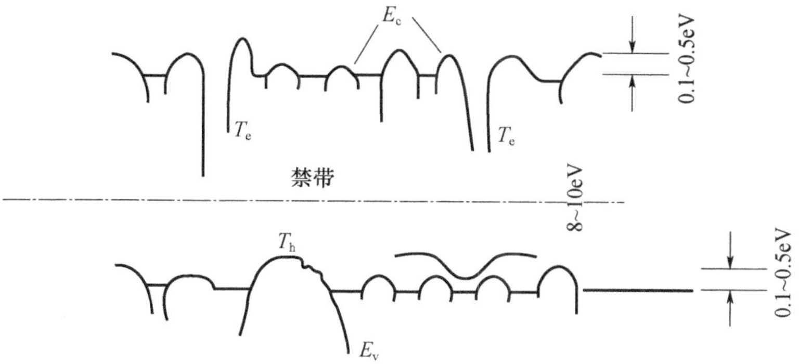

图 2-10　介质的典型结构模型

由图 2-10 和图 2-11 可看出,介质材料的能带正是由许多离散的局域态(即陷阱)组成的,由于陷阱中心对电荷引力的不同而使陷阱深度不同。引起介质材料陷阱的因素是复杂的,其内在因素包括:杂质、分子结构单元的缺陷、不规则链、结晶不完全以及由于表面氧化后产物及其引起的表面分子链断裂、低分子的吸附等。其外在因素如:辐射、强施加外电场、离子注入、掺杂、氧化、吸附离子等。总之,凡是能使其结构引入缺陷的所有物理和化学作用都是产生陷阱的外在因素。由此也看出陷阱大都集中在介质材料的表面结构中。一般地将浅表面的陷阱称为表面态。

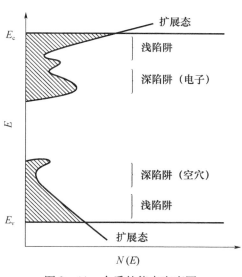

图 2-11　介质的能态密度图

2.3.2　介质材料的带电机理

介质材料的带电可分为电荷的表面俘获和表面电荷向体内的迁移两个过程。

一般认为,带电粒子到达介质表面后一种可能性是整个吸附在介质表面上,发生电荷转移与离子中和,从而使电荷注入表面。另一种可能是电荷开始时局限在表面区域中,而且如果获得自由并进入介质内必须先获得一定的活化能,如图 2 – 12(a)所示。这个过程将通过电荷本身所产生的电场引起活化能的降低来完成,如图 2 – 12(b)所示。由图 2 – 12(b)可知,由于电荷电场使导带边缘降低。

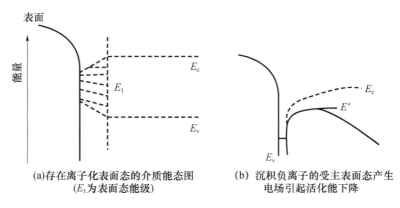

(a)存在离子化表面态的介质能态图　　　　(b) 沉积负离子的受主表面态产生
(E_1 为表面态能级)　　　　　　　　　　电场引起活化能下降

图 2 – 12　介质表面能级示意图

介质表面在有电荷注入时,不管其是正电荷还是负电荷,总是深陷阱比浅陷阱有限填满。对于较高的表面电位值,深陷阱几乎全部填满。其浅陷阱浓度至少可能比深陷阱浓度大一个数量级。

2.3.3　介质材料表面结构对带电性能的影响

按照陷阱能级的不同,可将介质材料中空间电荷的陷阱分为三级,第一级陷阱位于介质分子链的原子位上,这一级陷阱最深,如 $C=O$、$C=C$、$C-F$ 键结构等形成的陷阱,其深度大于 2eV;第二级陷阱位于相邻的分子集团之间,其深度一般在 1~2eV 左右;第三级陷阱位于高次结晶区域或晶相—无定形界面上,其深度一般小于 1eV。

通常情况下,介质表面同时包含这三种陷阱,但不同的材料表面经过不同表面处理,其陷阱密度不同,因而其带电程度也不同。介质表面带电后如图 2 – 13所示,其表面电位可通过下式计算得出:

$$V_S = \int_0^l \frac{P(x)}{\varepsilon}(d-x)\mathrm{d}x = \frac{d}{\varepsilon}\int_0^l P(x)\frac{d-x}{d}\mathrm{d}x \qquad (2-5)$$

式中:ε 为介质的介电常数;d 为介质的厚度;$P(x)$ 为电荷密度。

介质表面的结构及其状态对材料的带电性能影响很大。一般地,极性介质比非极性介质带电电位高;表面缺陷多,并且当分子结构中含有电负性大的元素时,其带电电位也高。有研究人员曾对普通聚丙烯(Polypropylene,PP)材料与聚偏氟乙烯(Polyvinylidene Fluoride,PVDF)做电荷注入实验时发现,同样条件下注入电荷,普通 PP 表面电位测得为 400V,而 PVDF 大约 900V,但对 PP 经过低温等离子掺杂 $CO_2 + CF_4 + O_2$ 改性后,再重复上述实验,改性后的 PP 表

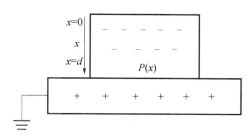

图 2-13　介质表面带电示意图

面电位达 850V。经过分析证明,经过表面改性后,由于表面发生了许多化学反应而原来的结构,生成了大量的不同深度的陷阱,从而提高了其带电能力。相反地,也可用类似的方法使介质表面的带电能力下降。

介质表面的带电性能与表面结构有很大关系。从微观来讲,就是陷阱密度决定了其带电能力。从此得到启发,在航天器的带电研究中,对介质表面充电防护来说,对其表面改性将是避免其达到高充电电位的有效途径之一。另外,这也表明,对于星用材料,其表面处理是非常重要的。任何物理损伤及杂质的引入都将引起材料表面陷阱密度的改变,从而使材料遭受较高的充电的危险。

2.4　航天器放电

航天器由于材料表面带电发生静电放电的形式主要有表面放电和嵌入电荷击穿两种:

(1)表面放电。满足下面任一条件时,就有可能发生表面静电放电:一个是介质表面相对于一相邻的外露导体电压大于 500V;另一个是介质与一外露导体界面间电场强度大于 1×10^5V/cm。其中所述的第一个条件在太阳电池表面可能得到满足,而所述的第二个条件常存于具有很强的电压梯度的卫星表面上,如一个介质连着另一个介质的表面存在裂缝时。需要注意的是,缝隙、裂痕以及表面缺陷都会增加电场强度,从而增大放电的可能性。

(2)嵌入电荷击穿。电荷有足够的能量可以穿透介质表面并进入内部,尽管介质表面可能因光电子或二次电子发射而维持近似零电位,材料内部仍存在很强的电场,当该电场足够大时将发生嵌入电荷击穿。通常,当内电场超过 2×10^7V/cm 时则可能发生击穿,嵌入电荷击穿将导致电子诱导电磁脉冲。

空间材料的静电放电特性与其充电特性也有很大关系。通常,材料表面由于存在尖角、锐边以及表面电荷泄放通路的差别,其电位分布是不均匀的。材料表面所储存的电荷常常经过接地回路或表面电弧喷发并泄放。在放电过程中,材料表面泄放的能量仅占其储存能量的一小部分,大量的地面试验研究指出,材

料表面的电弧放电常常是多支的而且像闪电,通常先在一点击穿并形成放电通道,放电造成的电弧扩散即大量的电荷发生迁移。而放电对于航天器的破坏机理及破坏程度是大不相同的,这与使用的材料、接地方式及电弧传道途径等诸多因素有关。另外,放电脉冲的特性与试验条件及样品等有关。已有研究发现,当材料发生放电时,释放的电荷与样品面积成正比,放电峰值电流与辐射能量成正比,放电波形的脉宽与辐射能量成反比。

2.4.1　航天器放电的位置

如果发生放电,放电发生的位置极可能从电场高的位置开始。在两个不同电位的表面间,电场为 $E = -\Delta\phi/d$,其中 $\Delta\phi$ 为电压差,d 为两个表面间的距离。因此,大的电势差 $\Delta\phi$ 和短的距离 d 间会形成高电场 E。

球体的电场与 r^{-2} 成正比,其中 r 为半径。在曲率半径小的尖点会形成高电场。例如,在大楼顶的避雷针容易受到雷击。

简而言之,航天器放电最容易发生在尖点、尖角、尖边缘以及相邻太阳能电池单元之间的短间隙之间,长太阳能帆板与航天器本体间的连接点、电缆的接头、长系绳的连接件、从焊接点伸出的锡焊尖点、有大电位差的不等量带电表面间的短间隙等,相邻太阳电池单元之间的缝隙通常只有大约1mm(图2-14)。

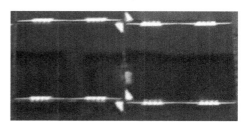

图2-14　具有不同电压的相邻太阳能电池单元间因放电造成的损伤

事实上,在空间和实验室所获得的航天器放电数据均显示,放电极可能起始于上面所提到的位置。此外,一些结构的重要性在几年来正受到越来越广泛的关注。特讨论如下:

1. 三联点

三联点位于金属表面、被绝缘层局部覆盖的金属表面以及环境等离子体之间(图2-15),这是航天器上最容易出现放电、引发电弧的位置。如果在环境等离子体中出现了表面带电,由于表面特性的差异,不同的表面材料会被充电至不同的电位。如果金属和绝缘体带了不同的电位,在它们之间就有放电的可能。等离子体同样也在引放电的起始电子和离子流中起着重要作用。有人可能会问,在三联点中的两侧的金属是否可以是不同的金属。当然可以,但是它们必须被相互绝缘,才会产生电势差。但是,夹在它们之间的绝缘材料会形成一个新的三联点。也有人可能要问,两层是否可以是不同特性的绝缘

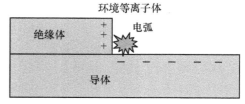

图2-15　三联点

体,答案也是肯定的,它们和环境等离子体一起形成三联点。

2. 金属对介质放电

在放电的诱发过程中,电子更易从金属表面转移到介质表面,而不是相反表面。因为电介质的电导率很小,很难从介质上抽出电子。同样,从表面抽出离子比抽出电子困难得多。

3. 反向电位梯度

正如前面所讨论的性能,反向电位梯度比正向电位更容易诱发放电,反向电位梯度是指金属处于负电位,电介质相对于金属处于正电位。金属的负电位意味着其表面有多余的电子,从带负电的金属上抽出电子转移到带正电的电介质比相反情况容易得多;反之,当金属相对于电介质处于正电位时,这种情况被称为标准电位梯度。标准电位梯度一般不易诱发放电。

2.4.2　表面放电的比例定律

当对一个电势差为 $\Delta\phi$ 的电容 C 进行放电时,放电电流 I 由下式决定:

$$\tau I = C\Delta\phi \tag{2-6}$$

式中:τ 为放电持续的时间。由式(2-6)可以导出一些简单的定量结果。

Balmain 和 Dubois 等人报道了一些材料表面的放电脉冲以 300km/s 的速度传输的观测结果。这就需要更深层次地了解诸如放电脉冲是如何传输的、为什么传输速度如此之慢这种现象所包含的物理机理。根据这个观测到的速度,就可以估算出给定放电脉冲在掠过一个给定表面时所持续的时间 τ。对于一个给定的持续时间 τ,放电电流 I 的数值与电容 C 或电势差 $\Delta\phi$ 成线性关系。对于一个平面,电容 C 与面积 A 成正比,与厚度 d 成反比。对于相同厚度、不同面积的材料,其放电总量 Q 与其面积 A 成比例(图 2-16),则

$$Q = \int_0^\tau I(t)\,\mathrm{d}t \propto A \tag{2-7}$$

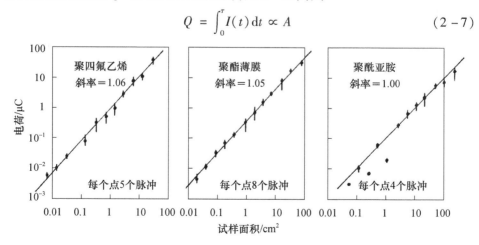

图 2-16　释放电荷的变量 Q 与试样面积 A 间的关系

比例定律对于评估放电是有用的,但尚不知道这个定律在多大范围内使用。例如,表面的不均匀性会影响它的应用。在实际应用中,放电掠过的具体面积、放电所涉及的材料厚度以及与等离子体的相互作用也可能是不确定的。

表面电容通常比介质薄层的电容小,介质薄层的电容与介质厚度 d 成反比。因为介质薄层有较大的电容 C,所以毫不奇怪,在薄的热控层上发生的航天器放电通常危害性较大。作为大电容的另外一个例子,当两个具有不同电势的大航天器相互靠近时,或者,一个航天员同时接触到两个航天器,通过航天员的放电电流可能性会很大。

2.4.3　不等量带电

正如本章前面所提到的,不等量带电是导致航天器放电的一个重要原因。具有不同二次电子发射、背散射、光电子发射特性的材料在空间中会充电到不同的电位。例如,氟化镁(MgF_2),因为具有较大的二次电子发射系数 $g(E)$,通常将其应用在太阳能电池单元的顶部,而有着较低二次电子发射系数 $g(E)$ 的聚酰亚胺(Kapton),是常见的航天器表面材料。

在太阳光下,具有导电表面的航天器只会充电至几伏的正电位,而极少被充电到负电位,但是具有非导电表面或混合表面的航天器会产生不等量带电。在太阳光下的航天器总会有一个面处于阴影中。处于阴影中的表面至少和处于太阳光下的面积一样大。如果等离子体的温度较高,处于阴影中的表面会被充电到较高的负电位。在处于阴影中的表面和处于太阳光下的表面之间会出现较高的不等量带电电位差。

值得注意的是,现代空间镜面是由金属(如铝)制作成的,对太阳光有高的反射率。即是有保护涂层,它们对太阳紫外区的反射率仍超过 80%。已有推测认为,由于光子的大部分能量被反射,而不会转移给镜面材料,这种高反射率的镜面可能只会发射很少或不发射光电子。没有了光电子发射,这种镜面可能就像处于在日食中一样,如果等离子体较热,就会带上较高的负电位。结果,在早晨时分日食离开后,在镜面和附近的表面间就可能出现不等量带电。

不等量带电不仅与电势差有关,还与具有不同电势位置间的距离有关。通常准确指出航天器异常的引发原因是很困难的,因为会存在多种可能的因素。例如,太阳能电池侧翼的镜面将极大地增强电池上的太阳光,进而导致温度效应。

2.4.4　关于阈值电压的评述

在空间运行中,人们通常关心泄漏电流的临界电压,可能会产生损坏性放电的临界电压,或引发灾难性电弧的临界电压。

通过环境等离子体从带负电表面向带正电表面泄漏小电流的阈值尚没有很

好的定义。高密度、低能量等离子体(如电子层中的等离子体)比低密度、高能量的等离子体(如地球同步轨道中的环境等离子体)有更好的传导性。在地球同步轨道中的 keV 级电子碰撞卫星表面就会产生二次电子。

如果卫星的表面有尖角,场致发射会从表面发射电子。有一个特例,就因为焊接点锡焊上的一个尖点造成了 Galaxy Ⅳ 卫星的失踪。除了场致发射,如果焊锡尖点足够长,该尖点也可能造成表面间的直接短路放电,对于短路是不存在阈值电压的。锡焊应该被不易形成尖点的合金取代,或者将焊点包覆。

从一个表面流向另外一个表面的小电流开始,这个过程不一定会导致持续放电。要维持一个放电,需要满足汤逊准则,而要满足汤逊准则,需要足够的电子。在电极间中性气体中的电离会提供电子和离子对。也就是说,开始于第一个过程(一个小电流放电),过渡到第二个过程(气体放电)。在气体放电中,两个电极(或表面)间的电压差必须超过该气体样本的电离势垒,若低于电离势垒,电离的截面 σ 就是 0,因此就不可能有电离。对于一些气体样本,典型元素的电离势垒大约为 10eV,最大的电离截面大约为 100eV 或以上。考虑到各种各样的损耗,阈值电压会高于电离势垒。

如果气体的密度很低,在电子的迁移过程中与中性气体碰撞的概率很小;如果气体的密度过高,电子会过频地与中性粒子碰撞,结果,电子无法获得足够的能量来激发电离。最理想的电离与中性气体的密度、外施电场、电离截面等有关。一个电子在每个碰撞过程中能够获得的能量与平均自由程、中性气体样本、电离截面、电子能分布、迁移路径的几何尺寸有关。因此,阈值电压不是一个物理常数。

2.4.5　放电时间的演变

放电是可以发展的,沿放电电流通道的中性气体的电离速率不是一个常数。中性气体密度、电子分布、放电路径的几何尺寸和电离速率都会发生变化。当中性气体被加热时,除电子碰撞电离外,电离还会以热电离的方式逐渐发展。Saha 方程描述了气体的热电离。尽管存在随机散射,放电电流还是倾向于在最小电阻的电离路径中流通。

电弧可能产生灾难性后果。初始电弧可以触发二次电弧,在放电过程中,不仅中性气体被加热,而且电极也被加热。如果阴极表面发生融化,熔融的表面可以形成小的尖点,该尖点可通过场致发射释放出电子。尖的熔融点可以发生跳跃,并发射出电子电流。大电流电弧通道相应也会跳跃,一个大电流可能烧毁表面一大片区域。跳跃的电弧可能导致临近表面加热和电离,引发二次电弧和更多的演变。大电流不仅会导致短路并烧毁电极,甚至会点燃从电极材料中产生的蒸发物。这个熔化和烧毁电极的过程通常被描述为高温热解,结果是灾难性的。

第3章 空间等离子体环境

3.1 概　述

古希腊人认为,所有的物质都是由不同数量的4种基本物质形态组成的,它们分布是土、水、空气和水。2000年以后的今天,现代人都知道,物质有4种基本形态,但它们分别是固态、液态、气态和等离子态。区分这4种形态的不同之处在于衡量物质具有多少有效能(热量)。加热固态物质会变成液态物质,加热液态物质可以变成气态物质,加热气态物质就形成了等离子态物质。从根本上讲,当原子中的电子得到能量,摆脱原子核对电子的束缚时,就形成了等离子体。电子摆脱原子核束缚后形成的电子和正离子的混合物统称为离子。更正式地讲,等离子体可以定义为由带电粒子组成的气体,其中粒子与其相邻粒子之间的势能要小于粒子的动能。换句话说,电子具有足够的动能使其能够摆脱正离子对它的束缚。否则,电子会和正离子很快地重新结合,形成中性原子。对于大部分等离子体来说,电子密度 n_e 与离子密度 n_i 是相等的,简称为等离子体密度 n_0。宇宙中超过99%的物质,如太阳和恒星体都是等离子体,非等离子体物质只有1%,而人类恰恰就生活在宇宙中非常稀少的非等离子体物质上。

地球周围大多数的轨道环境都处于等离子体状态,因此进入等离子体环境的航天器可能具有很高的电位。处于等离子体环境中的航天器,由于表面材料导电性的差别,导体和绝缘体有不同的电位。当电位差达到足够大时,物体表面会发生电弧放电。人们对此极为关注,因为电弧放电可能造成物理性损坏,会使航天器的分系统遭到永久性的破坏,还可能产生电磁干扰(EMI),影响灵敏电子设备的正常工作。由于电弧放电可能产生灾难性后果,因此电弧现象理所当然受到各方面的关注。

3.2　空间等离子体的结构

日地空间等离子体主要由太阳风等离子体、磁层等离子体、电离层等离子体三部分组成。它们是太阳电磁辐照、粒子辐照与地球磁场、地球热层残余大气相互作用的复杂结果。本节重点介绍与地球轨道航天器带电效应相关的磁层等离子体和电离层等离子体。

3.2.1　磁层等离子体

一般认为,从距离地球表面 1000km 以上高度一直到磁层边界,残余大气基本上是完全电离的。因此带电粒子的运动基本上受地磁场控制,因此称为磁层。磁层是地球控制的最外层区域,它直接与太阳风、行星际磁场接触。磁场的边界是太阳风与地磁场相互作用形成的。当太阳风与地磁场相遇时,由于太阳风的电导率很高,不能穿透地磁场,因此从地磁场边界周围扫过,使地球外层空间的磁场受太阳风的压缩而变形。地磁场与太阳风之间的边界形式由两者间的压力平衡决定。在地球的白天一侧(向阳面),边界层通常位于距地球中心 6.4×10^4 km 的地方,这一距离随太阳风压力的变化而变化。当太阳风的压力增大时,白天一侧的磁场顶会被太阳风压缩到离地球更远的地方。在地球的夜晚一侧(背阳面),太阳风拉伸地球的磁场,使磁场形成一个很长的柱形拖尾(叫作磁尾)。磁尾圆柱的半径约为 20 倍地球半径,磁尾可延伸到太阳风下游 10^6 km 的地方。在太阳活动期间,太阳风和行星际磁场的扰动将会使磁层发生大的干扰,产生磁暴和磁层亚暴。在磁暴和磁层亚暴期间,被加速的高能带电粒子会在磁尾电场的作用下,从磁尾注入磁层深部,被地磁场俘获。这时,磁层等离子体的粒子能量和密度都会大大提高。正是这些高能粒子使磁层中的航天器充电到很高电位的。

在磁层顶有两个中性点,磁力线从这些点连接到地球表面 ±78°附近。这两点是唯一从磁层顶连接到地球表面的点,因此它们是人们最感兴趣的区域。太阳风粒子可以从这里沿磁力线进入磁层,这两点附近区域称为极尖区。在磁暴和磁层亚暴期间,高能粒子沿磁力线沉积到南北两极附近上空,产生极光。如果航天器通过这一区域,表面将会充到很高电位。图

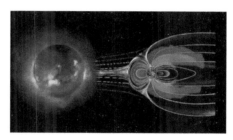

图 3－1　太阳辐射与地球磁层相互作用的示意图

3－1 为太阳辐射与地球磁层相互作用的示意图。表 3－1 和表 3－2 是以 ATS5、ATS6 和 SCATHA 卫星为例测量的地球同步轨道等离子体环境参数。

表 3－1　ATS5、ATS6 和 SCATHA 卫星测量的地球同步轨道等离子体中的电子参数

参量	ATS5 卫星数据	ATS6 卫星数据	SCATHA 卫星数据
数密度 n/cm^{-3}	0.8	1.06	1.09
能量密度/($\mathrm{eV/cm}^3$)	1970	3590	3710
N_1/cm^{-3}	0.578	0.751	0.780
T_1/keV	0.277	0.460	0.550
N_2/cm^{-3}	0.2156	0.273	0.310
T_2/keV	7.04	9.67	8.68

表 3 - 2　ATS5、ATS6 和 SCATHA 卫星测量的地球同步轨道等离子体中的离子参数

参量	ATS5 卫星数据	ATS6 卫星数据	SCATHA 卫星数据
数密度 n/cm^{-3}	1.30	1.20	0.58
能量密度/(eV/cm^3)	13000	12000	9440
N_1/cm^{-3}	0.75	0.93	0.19
T_1/keV	0.30	0.27	0.80
N_2/cm^{-3}	0.61	0.33	0.39
T_2/keV	14	25	15.8

3.2.2　电离层等离子体

电离层等离子体处于地球表面上方 60km 至几千千米高度之间,也有文献没有明显的上部边界,主要是太阳辐照能量对高层残余大气光致电离的结果。太阳 X 光和紫外高能光子、宇宙线和沉降粒子作用于高层大气,使之电离或解离而生成电子、离子和中性粒子,构成能量很低的准中性等离子体区域,粒子的温度一般在 180 ~ 3000K。

电离层等离子体中存在大量未被电离的大气分子和原子,电子和离子运动除部分受地磁场影响外,还因碰撞而显著地受背景中的中性成分制约。电离成分在与中性成分的碰撞过程中,将吸收的太阳辐射能量传递给中性成分。在这个高度上,大气密度很低,热容量非常小,中性成分的温度显著提高,故称为热层。所以,电离层等离子体由电离部分的电离层和中性背景的热层混合组成。

电离层与热层强烈的耦合,尤其表现在动力学过程方面。在大气白天的低、中纬度区,热层中性风拖动电离层粒子,形成沿磁赤道的强电流;另一方面,极区的离子飘逸会牵动中性气体,在高纬度区产生高速中性风。

电离层与磁层也强烈地相互作用。磁层高能电子沿极区磁力线沉降到电离层区,携带大量能量进入高层大气,对电离层和热层都有明显影响。除了激发极光发射外,沉降电子增加了电离层等离子体的密度,提高了高层大气的湿度。另一方面,电离层等离子体通过极区磁力线可以外流到磁层区。太阳活动期间发生大的磁扰动时,等离子体外流通量非常高,将为磁层提高源源不断的带电粒子。

根据电子密度垂直分布的特点,通常将电离层分为如下几个不同区域。

D 层:高度范围为 60 ~ 90km。由于高度较低,大气较稠密,电子与中性粒子、离子间碰撞频率高,无线电波在这一层中衰减严重。形成 D 层的主要电离辐射是太阳 X 射线。D 层夜间基本消失,只有微弱的宇宙射线使 D 层下部维持较低的电子密度。

E 层:高度范围为 100 ~ 160km,E 层由正常 E 层和偶现 E 层组成。其中,正

常 E 层的电子密度及高度随太阳天顶角和太阳黑子数发生变化。该层的主要电离辐射源来自太阳软 X 射线和紫外线。电子密度最大值出现在中午时;季节变化大,夏季呈密度最大值;随太阳活动而成正相变化,太阳活动最大时,同一地点白天电子最大密度可增加 10% 左右,夜间剩余值很小。偶现 E 层出现在 100 ~ 120km E 层上的异常电离,与太阳辐射几乎没有直接关系。偶现 E 层在不同纬度有明显的不同特征,低纬度区主要出现在白天,中纬度区主要出现在夏季,而极区多出现在夜间。

F_1 层:高度范围为 160 ~ 180km,夏季白天在 F 层下部分裂出来的层次,晚上一般消失,在春季和秋季有时也出现。形成 F_1 层的主要电离辐射源是波长为 30.4nm 的太阳远紫外部分。电子密度随地磁纬度变化,磁纬 ±20°处的电子密度最大,磁赤道上空为最小值。

F_2 层:高度范围为 250 ~ 450km,高度随季节变化,夏季升高,冬季下降,是电离层中持续存在的层次,也是电离度最高的区域。形成 F_2 层的主要电离辐射源为太阳远紫外部分。F_2 层电子密度随季节和昼夜有明显变化,同时受地磁场强烈控制,随地磁纬度不同而变化。表 3 – 3 是电离层电子密度在不同高度区域的变化情况。

表 3 – 3　电离层电子密度随高度区域变化数据

层	最大电子密度/(个/cm³)	高度/km	备注
D	$10^3 \sim 10^4$	60 ~ 90	夜间基本消失
E	2×10^5	100 ~ 160	白天密度大,晚上密度小
F_1	3×10^5	160 ~ 180	多半在夏季白天存在
F_2	1×10^6	300 ~ 450	夏季(白天密度大,夜间密度小)
	2×10^6	250 ~ 350	冬季(冬季密度大,夏季密度小)
外电离层	10^5	500 ~ 1000	
	$10^2 \sim 10^3$	2000 ~ 3000	

电离层等离子体受太阳活动的影响也很大。发生太阳耀斑时,日冕辐射的大量 X 射线、紫外线和高能粒子与高层残余大气发生相互作用,从而造成电离层的电离度增加,电离层的结构被破坏,使电离层呈混乱状态,层次不清,进而造成短波通信受到严重破坏甚至中断,这种现象叫作电离层暴。

3.3　等离子体理论基础

正如前面所述,等离子体是物质在高温下被电离后产生的,是一种电离态气体,主要成分为电子和离子。就其产生的方式而言,在一次电离的情况下,等离子体内带负电的电子和带正电的离子数目相等;在多重电离的情况下,电子数可多于离子数,但是不论任何一种情况,其中电子和离子的电荷总数基本相等,其在宏观上是保持电中性的。电中性是等离子体最基本的特征。

3.3.1 等离子体粒子密度

等离子体粒子密度表示单位体积中所含粒子数的多少,其中参数如下:

n_i:离子密度。

n_e:电子密度。

n:两种异性电荷的粒子中任一种的密度。

由粒子密度可以估算出粒子间的平均距离,假设 N 为单位体积等离子体中带电粒子数的总和,d 为粒子间的平均距离,则

$$N = n_i + n_e \qquad (3-1)$$

$$d = N^{-(1/3)} \qquad (3-2)$$

由于等离子体由带电粒子组成,因而带电粒子之间存在表现为长程性的库仑力的相互作用,每个带电粒子与大量其他粒子同时相互作用,而在研究等离子体平衡性质时,常把等离子体当作理想气体处理,认为带电粒子间的库仑作用位能远远小于粒子热运动的动能,即

$$\frac{e^2}{4\pi\varepsilon_0 d} \ll kT \qquad (3-3)$$

式(3-3)为等离子体的理想气体化条件。而理想化气体,其在平衡状态下的粒子分布服从玻耳兹曼分布率。

3.3.2 等离子体的温度

处于热平衡状态的气体,其粒子具有一切速度,这些速度的最可几分布称为麦克斯韦分布,在考虑等离子体与电子设备的充放电效应时,为简化起见,认为其粒子只在一维方向上运动。其麦克斯韦分布为

$$f(u) = A\exp\left(-\frac{1}{2}mu^2/kT\right) \qquad (3-4)$$

式中:f 为速度在 u 至 $u + du$ 之间,每立方厘米的粒子数;$mu^2/2$ 为动能;k 为玻耳兹曼常数,$k = 1.380 \times 10^{-23} \text{J/K}$。

粒子密度 n 或每立方厘米的粒子数为

$$n = \int_{-\infty}^{\infty} f(u)\,\mathrm{d}u \qquad (3-5)$$

则常数 A 与 n 的关系为

$$A = n\left(\frac{m}{2\pi kT}\right)^{1/2} \qquad (3-6)$$

式(3-6)中 T 即等离子体的粒子温度。计算该分布中粒子的平均动能 E_{av}:

$$E_{av} = \frac{\int_{-\infty}^{\infty} \frac{1}{2} m u^2 f(u)\,\mathrm{d}u}{\int_{-\infty}^{\infty} f(u)\,\mathrm{d}u} \tag{3-7}$$

令 $v_{th} = (2kT/m)^{1/2}, y = u/v_{th}$，则

$$f(u) = A\exp(-y^2) \tag{3-8}$$

最终得

$$E_{av} = kT/2 \tag{3-9}$$

将该结论推广到三维空间，则三维空间中粒子的平均动能为

$$E'_{av} = 3kT/2 \tag{3-10}$$

即每个自由度的平均能量等于 $kT/2$。

由于 T 与 E_{av} 紧密相关，在等离子体物理中，温度通常用能量单位表示，等离子体的温度可以理解为描述粒子热运动能量的当量 kT，即

$$1\,\mathrm{eV} = kT \tag{3-11}$$

式中：$e = 1.60 \times 10^{-19}$ C，V 为伏［特］，得

$$T = \frac{1\,\mathrm{eV}}{k} = \frac{1.60 \times 10^{-19}}{1.38 \times 10^{-23}} = 11600\mathrm{K} \tag{3-12}$$

即 1eV 相当于 11600K 的温度。

与一般气态物质不同的是，在等离子体内部存在两种不同的温度，即电子的温度和离子的温度，二者是不一定相同的。一般地，电子温度 T_e 要大于或等于离子的温度 T_i，即 $T_e \geq T_i$。等离子体包含 2~3 种不同的组成粒子：自由电子、带正电的离子和未电离的原子。不同的组分定义不同的温度：电子温度和离子温度。对于轻度电离的等离子体，离子温度一般远低于电子温度，称为低温等离子体；对于高度电离的等离子体，离子温度和电子温度都很高，甚至近似相等，故而称为高温等离子体。

3.3.3　德拜屏蔽和德拜半径

等离子体作为整体，在宏观上表现为电中性，当出现大量粒子的热运动或某种扰动时，等离子体内会出现局部偏离电中性的现象，但由于电荷间的库仑作用，又会使等离子体很快恢复电中性或对周围等离子体形成屏蔽层。等离子体对电中性的破坏非常敏感，具有强烈的恢复电中性的趋势。

在等离子体内部的某一体积内，如果因某种原因出现了一定电量的某种电荷积累而使该处电中性被破坏，则由于该种电荷的静电场会吸引异性电荷而排斥同性电荷，使其周围出现由异性电荷组成的球状电子云，电子云会削弱这种电荷周围的电场及其对远处等离子体的影响，形成对周围等离子体的屏蔽，该现象即为德拜（Debye）屏蔽。经过屏蔽后这种电荷的静电势场为屏蔽库仑势场。

假设破坏是由于电子平面层移动而引起的，如图 3-2 所示。这时破坏区域

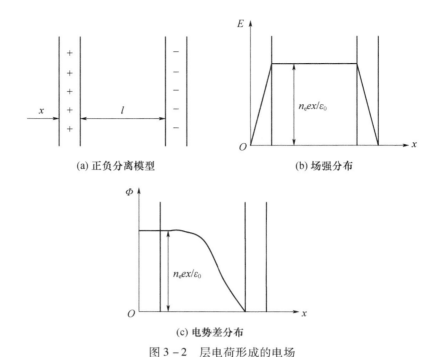

(a) 正负分离模型   (b) 场强分布

(c) 电势差分布

图 3 - 2   层电荷形成的电场

会形成负的和正的体电荷层,两层之间的电场等效于平板电容器的电场,场强 E 取决于层内的面电荷密度 σ,即

$$E = \sigma/\varepsilon_0 = n_e ex/\varepsilon_0 \qquad (3-13)$$

式中:ε_0 为真空介电常数。

总电势差为

$$\phi_1 \approx El = n_e exl/\varepsilon_0 \qquad (3-14)$$

而且只有当体电荷场的势垒高度低于电子和离子无规则运动能量时,即

$$e\phi_1 < kT_e, kT_i \qquad (3-15)$$

电子层移动引起的电中性破坏才能继续下去;反之,粒子在电场作用下的运动会很快导致电中性的恢复。

令 $x \approx l$,则有

$$n_e e^2 l^2/\varepsilon_0 < kT_e \qquad (3-16)$$

$$l < \sqrt{\varepsilon_0 kT_e/n_e e^2} \qquad (3-17)$$

令

$$\lambda_D = \sqrt{\varepsilon_0 kT_e/n_e e^2} \qquad (3-18)$$

即德拜半径的表达式,它是确定等离子体电荷分离的空间尺度。该物理量是 1929 年,由朗缪尔(Langmuir)首次引用到等离子体物理中的,他指出:要使电离

气体成为一个宏观上呈电中性的等离子体,则电离气体所在的系统线度 l 必须远远大于德拜半径。

当等离子体与固体表面相接触时,由于德拜屏蔽作用,将在等离子体与固体表面之间形成由德拜屏蔽引起的等离子体鞘层。

3.3.4　等离子体振荡和振荡频率

等离子体振荡是等离子体内部电子的集体运动,其频率表征了等离子体对其电中性被破坏反应的快慢。在等离子体内部,如果由于某种扰动,在局部区域内出现了电子的过剩,即此局部区域内电中性被破坏,那么由过剩电子产生电场,电子间的静电斥力迫使该区域电子向外运动,过剩电子迅速消失,而运动所具有的动能使电子不能在恢复到电中性时就立即停止运动,由于惯性使得离开该区域的电子过多,反而出现正离子过剩,从而又生成一个反向电场,把区域外的电子拉回,使得该区域电子的过剩再次出现,因相当数量的电子的集体运动而形成等离子体内部的集体振荡。

从能量角度看,在振荡过程中,粒子不断地进行着热运动动能和静电位能的转换,最终由于碰撞阻尼或其他形式的阻尼而将能量耗散,使振荡终止。

仍以图 3 - 2 为例,分析电中性被破坏之后电子的运动情况,在电子层所在的区域内,离子层作用于电子的电场力(为引力)为

$$F_E = -eE = -n_e e^2 x / \varepsilon_0 \tag{3-19}$$

电子的运动方程为

$$m_e \frac{\mathrm{d}^2 x}{\mathrm{d}t^2} = F_E = -eE = -n_e e^2 x / \varepsilon_0 \tag{3-20}$$

从式(3 - 20)可以看出,电子以电场力为恢复力作简谐振动,其频率为

$$\omega_p = \sqrt{n_e e^2 / (\varepsilon_0 m_e)} \tag{3-21}$$

等离子体的这种运动即等离子体振荡,是等离子体电中性被破坏时空间电荷的一种响应形式,因为其是朗缪尔首先发现的,所以又称为朗缪尔振荡。

等离子体的振荡频率 ω_p 是确定等离子体内电荷分离的时间尺度。等离子体振荡决定着等离子体恢复电中性的机制。平均而言在若干个振荡周期之后,可以认为等离子体即可恢复电中性。

3.3.5　等离子体鞘层理论

在靠近固体物质时,等离子体在固体表面附近会因静电作用产生一正电荷薄层,这个正电荷薄层就是等离子体鞘层。

鞘层的形成机理:一般情况下在等离子体物质内部,电子的平均动能大于离子的平均动能。由于电子的质量远远小于离子,因而电子的平均热运动速率比离子大得多,即 $v_e > v_i$。当等离子体与固体表面相接触时,等离子体内的荷能粒

子(如电子、离子)将在静电引力的作用下向固体表面运动。由于电子的平均速率大,初始时到达固体表面的电子数目远远超过离子数目,使固体表面积聚大量负电荷,由此产生的负电场将阻止其他电子向固体表面的运动,而吸引离子向固体表面运动,结果使流向固体表面的电子流密度逐渐减少,离子流密度逐渐增大。随着固体表面负电位的不断增高,最后当到达固体表面的电子流密度和离子流密度相等时,固体表面的负电位数值不再改变,从而形成一层负电位的等离子体鞘层,其将等离子体和固体物质隔离开来。如图 3 – 3 所示。

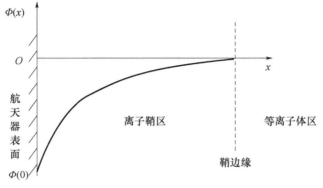

图 3 – 3 等离子体鞘层

假定航天器表面为无限大平面,并忽略空间磁场影响因素,则等离子体鞘层的电场、速度场、质量密度等参量只是一维空间坐标参量 x 的函数。故给定一个 x 对应一个等参数的 $\mathrm{d}x$ 的薄层(微元面积为 $\mathrm{d}A$),将其称为粒子层,如图 3 – 4 所示。

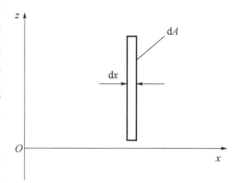

图 3 – 4 粒子层模型

假定微体积 $\mathrm{d}A\mathrm{d}x$ 的质量可简化为电子团和离子团两部分,则电子团质量 $\mathrm{d}M'_e$ 和离子团质量 $\mathrm{d}M'_i$ 分别为

$$\mathrm{d}M'_e = m_e n_e \mathrm{d}A\mathrm{d}x = M_e \mathrm{d}A \tag{3-22}$$

$$\mathrm{d}M'_i = m_i n_i \mathrm{d}A\mathrm{d}x = M_i \mathrm{d}A \tag{3-23}$$

式中:n_e 为电子密度;n_i 为离子密度;m_e 为电子质量;m_i 为离子质量;M_e 为电子层质量面密度;M_i 为粒子层质量面密度。其中

$$M_e = m_e n_e \mathrm{d}x \tag{3-24}$$

$$M_i = m_i n_i \mathrm{d}x \tag{3-25}$$

粒子层中电子分布电荷量 $\mathrm{d}Q_e$ 和离子分布电荷量 $\mathrm{d}Q_i$ 分别为

$$\mathrm{d}Q_e = -en_e \mathrm{d}A\mathrm{d}x = q_e \mathrm{d}A \tag{3-26}$$

$$dQ_i = en_i dA dx = q_i dA \tag{3-27}$$

式中:e 为基本电荷;q_e 为电子面电荷密度;q_i 为离子面电荷密度。其中

$$q_e = -en_e dx \tag{3-28}$$

$$q_i = en_i dx \tag{3-29}$$

根据气体放电理论和等离子体理论,鞘层电位的空间分布为

$$\phi(x) = \phi_0 \exp(-x/\lambda_D) \tag{3-30}$$

式中:$\phi(x)$ 为 x 处电位;ϕ_0 为 $x = 0$ 处的电位;λ_D 为德拜长度。

考虑到等离子体鞘层的瞬态形成过程具有时域特性,引入时变参量,根据分离变量法将式(3-30)表达为

$$\phi(x,t) = \phi_0(t) \exp(-x/\lambda_D) \tag{3-31}$$

根据静电场理论中的泊松方程,鞘层中任意一点处的电位和电荷密度的关系为

$$\nabla^2 \phi = -\frac{\rho}{\varepsilon_0} \tag{3-32}$$

式中:ρ 为电荷密度;ε_0 为真空介电常数。

鞘层中,任意一点处的电荷密度可表示为

$$\rho = e(n_i - n_e) \tag{3-33}$$

将式(3-33)代入式(3-32),得出

$$\nabla^2 \phi = e(n_e - n_i)/\varepsilon_0 \tag{3-34}$$

一维情况下,泊松方程可变为

$$\frac{\partial^2 \phi(x,t)}{\partial x^2} = \frac{e(n_e - n_i)}{\varepsilon_0} \tag{3-35}$$

根据气体动理论和等离子体理论中玻耳兹曼方程,可得粒子数密度守恒方程:

$$\frac{dn_e}{dt} + \frac{\partial(n_e v_e)}{\partial x} = 0 \tag{3-36}$$

$$\frac{dn_i}{dt} + \frac{\partial(n_i v_i)}{\partial x} = 0 \tag{3-37}$$

式中:v_e 为电子运动速度,v_i 为离子运动速度。由式(3-36)和式(3-37)得

$$\frac{dn_e}{dt} + v_e \frac{\partial n_e}{\partial x} + n_e \frac{\partial v_e}{\partial x} = 0 \tag{3-38}$$

$$\frac{dn_i}{dt} + v_i \frac{\partial n_i}{\partial x} + n_i \frac{\partial v_i}{\partial x} = 0 \tag{3-39}$$

当系统稳定后,鞘层中电荷密度与电位满足玻耳兹曼关系:

$$n_e = n_0 \exp\left(\frac{e\phi}{kT_e}\right) \tag{3-40}$$

$$n_i = n_0 \exp\left(-\frac{e\phi}{kT_i}\right) \qquad (3-41)$$

式中：n_0 为初始等离子体密度；k 为玻耳兹曼常数；T_e 和 T_i 分别为电子和离子的温度。

由电动力学理论可知，处于电场中的带电粒子会受到电场力的作用。在等离子体中，由于电子速度远大于离子速度，因此，假定将粒子层分为电子层和离子层，二者分别运动，并设粒子层的运动坐标系如图 3-4 所示。根据经典牛顿定律，电子层和离子层的动量方程分别为

$$M_e\left(\frac{dv_e}{dt} + \frac{\partial v_e}{\partial x}\frac{\partial x}{dt}\right) = F_e = q_e E(x,t) = -q_e\frac{\partial\phi}{dx} \qquad (3-42)$$

$$M_i\left(\frac{dv_i}{dt} + \frac{\partial v_i}{\partial x}\frac{\partial x}{dt}\right) = F_i = q_i E(x,t) = -q_i\frac{\partial\phi}{dx} \qquad (3-43)$$

式中：F_e、F_i 和 $E(x,t)$ 分别为处于 x 位置和 t 时刻电子和离子受到的电场力及电场强度。

结合式（3-24）、式（3-25）、式（3-38）和式（3-39），可得电子和离子的动量方程为

$$m_e\left(\frac{dv_e}{dt} + \frac{\partial v_e}{\partial x}\frac{\partial x}{dt}\right) + e\frac{\partial\phi}{dx} = 0 \qquad (3-44)$$

$$m_i\left(\frac{dv_i}{dt} + \frac{\partial v_i}{\partial x}\frac{\partial x}{dt}\right) - e\frac{\partial\phi}{dx} = 0 \qquad (3-45)$$

由式（3-35）、式（3-36）、式（3-37）、式（3-44）和式（3-45）组成等离子体鞘层动力学模型，即

$$\begin{cases} \dfrac{\partial^2\phi(x,t)}{\partial x^2} = -\dfrac{e(n_i - n_e)}{\varepsilon_0} \\ \dfrac{dn_e}{dt} + \dfrac{\partial(n_e v_e)}{\partial x} = 0 \\ \dfrac{dn_i}{dt} + \dfrac{\partial(n_i v_i)}{\partial x} = 0 \\ m_e\left(\dfrac{dv_e}{dt} + \dfrac{\partial v_e}{\partial x}\dfrac{\partial x}{\partial t}\right) + e\dfrac{\partial\phi}{\partial x} = 0 \\ m_i\left(\dfrac{dv_i}{dt} + \dfrac{\partial v_i}{\partial x}\dfrac{\partial x}{\partial t}\right) - e\dfrac{\partial\phi}{\partial x} = 0 \end{cases} \qquad (3-46)$$

3.4 航天器带电

3.4.1 等离子体环境非偏置固体表面带电

非偏置固体在等离子体环境中经过一段时间后表面电位达到一个动态平

衡,此时的电子流和离子流代数和为零。对表面电位的计算可以采用等效电路的方法求解,该方法计算量较小,处理问题较为直观,但是计算精度有待提高。另外一种方法是基于气体动理论,利用粒子的麦克斯韦速度分布函数对表面电位进行求解。所谓气体动理论,是从物质的微观结构出发,以理想气体为对象,对每个粒子运用力学原理,运用统计方法,而建立的大量粒子热运动所遵循的统计规律。该方法能够较为精确地计算出固体表面电位。本节用该方法推导出处于等离子体环境下运动的非偏置固体表面充电电位表达式,对不同空间环境及非偏置固体的不同运动情况进行了讨论,并以地球轨道为例进行计算,理论结果与实际测量数据一致,从而验证了模型的准确性和可行性。

1. 等离子体环境非偏置固体表面充电理论

正如前面所提到的,等离子体一般由电子、离子及中性粒子组成,三者的密度分别以 n_e、n_i、n_0 表示。通常情况下为一价等离子体,并且含有同一种类的中性粒子,此时 $n_e = n_i$,整体呈现出电中性。粒子之间由于带有电荷,因此具有电场力的相互作用。对于处于平衡态的理想等离子体而言,其自身的热运动动能远远大于电场势能,因此可以忽略其电势能。等离子体中电子的温度 T_e 和离子的温度 T_i 不一定相等,对于低温等离子体,$T_e > T_i$;对于高温等离子体,电子和离子具有近似相同的热力学温度,即 $T_e \approx T_i$。离子质量远远大于电子质量,处于平衡态的等离子体电子的速度远远大于离子的速度,即 $v_e \gg v_i$。

在无光电效应发生的情况下,将非偏置固体置于等离子体中,由于粒子的随机热运动及固体与等离子体的相对运动,固体表面将产生粒子聚集。电子平均速度远大于离子平均速度,因此到达非偏置固体表面的电子数目将大于离子数目,表面形成大量电子聚集,产生负场强。随着负场强的增加,将对电子向表面聚集形成阻碍作用,而对离子向表面聚集形成促进作用。从而使流向非偏置固体表面的电子流密度逐渐减小,离子流密度逐渐增加。同时,由于二次电子效应及背散射效应,表面将有一定量电子数目减少。当到达表面的电子流与离子流相等时,表面电位将达到一个稳定值,保持不变。

设处于等离子体环境的非偏置固体表面电位达到稳定后为 U。建立如图 3 - 5 所示的坐标系,非偏置固体相对于环境的速度为 v_s,沿 x 轴正方向。

设电子的速度为 v_e,在 x 轴上的分量为 v_{ex}。当非偏置固体达到稳定的负电位 U 后,并非所有的电子都可以到达固体表面,只有面向固体表面运动(即沿 x 轴负向运动)且能量大到足够克服负电位所产生的势能的电子,才能够到达固体表面。因此电子的最小动能为

$$- Ue = \frac{1}{2} m_e (v_{e0} + v_s)^2 \qquad (3-47)$$

得到

$$|v_{e0}| = \sqrt{\frac{-2eU}{m_e}} - v_s \quad (3-48)$$

只有当电子的速度

$$|v_{ex}| \geqslant \sqrt{\frac{-2eU}{m_e}} - v_s \quad (3-49)$$

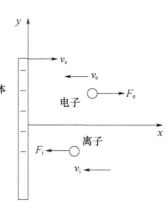

非偏置固体

时,电子才能够到达固体表面。由于离子
受到固体表面电位的吸引作用,因而任何
速率的离子均可到达固体表面。

非偏置固体达到稳定电位后,表面的
电子流密度与离子流密度相等时,表面电
位将达到一个稳定值,保持不变。即

图 3 - 5　建立的笛卡儿坐标系
（直角坐标系）

$$\Gamma_e = \Gamma_i + \Gamma_{se} \quad (3-50)$$

式中:Γ_e 为电子流密度;Γ_i 为离子流密度;Γ_{se} 为二次电子流密度。

单位时间内到达非偏置固体表面的单位面积上,速度在 $\mathrm{d}v_{es}$ 区间的电子数为

$$\mathrm{d}\Gamma_e = n_e f(v_{ex}) v_{ex} \mathrm{d}v_{ex} \quad (3-51)$$

其中,电子沿 x 方向的速度分量 v_{es} 的麦克斯韦速度分布函数为

$$f(v_{ex}) = \sqrt{\frac{m_e}{2\pi kT_e}} \exp\left(-\frac{mv_{ex}^2}{2kT_e}\right) \quad (3-52)$$

则单位时间内到达非偏置固体表面单位面积上的电子总数为

$$\begin{aligned}
\Gamma_e &= \int \mathrm{d}\Gamma_e \\
&= \int_{|v_{e0}|}^{\infty} n_e \sqrt{\frac{m_e}{2\pi kT_e}} \exp\left(-\frac{m_e v_{ex}^2}{2kT_e}\right) v_{ex} \mathrm{d}v_{ex} \\
&= -n_e \sqrt{\frac{kT_e}{2\pi m_e}} \exp\left(-\frac{m_e v_{ex}^2}{2kT_e}\right) \Bigg|_{|v_{e0}|}^{\infty} \\
&= n_e \sqrt{\frac{kT_e}{2\pi m_e}} \exp\left(-\frac{m_e v_{e0}^2}{2kT_e}\right)
\end{aligned} \quad (3-53)$$

将式(3 - 48)代入式(3 - 53),得

$$\Gamma_e = n_e \sqrt{\frac{kT_e}{2\pi m_e}} \exp\left[\frac{m_e}{2kT_e}\left(\sqrt{\frac{-2eU}{m_e}} - v_s\right)^2\right] \quad (3-54)$$

又由电子的平均热运动速率 $\overline{v_e} = \sqrt{\frac{8kT_e}{\pi m_e}}$,可得

$$\Gamma_e = \frac{1}{4} n_e \overline{v_e} \exp\left[-\frac{m_e}{2kT_e}\left(\sqrt{\frac{-2eU}{m_e}} - v_s\right)^2\right] \quad (3-55)$$

同理,对于离子有

$$\mathrm{d}\Gamma_i = n_i f(v_{ix}) v_{ix} \mathrm{d}v_{ix} \qquad (3-56)$$

式中

$$f(v_{ix}) = \sqrt{\frac{m_i}{2\pi k T_i}} \exp\left(-\frac{mv_{ix}^2}{2kT_i}\right) \qquad (3-57)$$

则

$$
\begin{aligned}
\Gamma_i &= \int \mathrm{d}\Gamma_i \\
&= \int_0^\infty n_i \sqrt{\frac{m_i}{2\pi k T_i}} \exp\left(-\frac{m_i v_{ix}^2}{2kT_i}\right) v_{ix} \mathrm{d}v_{ix} \\
&= -n_i \sqrt{\frac{kT_i}{2\pi m_i}} \exp\left(-\frac{m_i v_{ix}^2}{2kT_i}\right)\Big|_0^\infty \\
&= n_i \sqrt{\frac{kT_i}{2\pi m_i}}
\end{aligned}
\qquad (3-58)
$$

又由离子的平均热运动速率 $\overline{v_i} = \sqrt{\frac{8kT_i}{\pi m_i}}$,得

$$\Gamma_i = \frac{1}{4} n_i \overline{v_i} \qquad (3-59)$$

设孤立导体表面材料由电子引起的二次电子系数为 δ_e ,由离子引起的二次电子系数为 δ_i ,则二次电子流密度为

$$\Gamma_{se} = \delta_e \Gamma_e + \delta_i \Gamma_i \qquad (3-60)$$

将式(3-55)、式(3-59)和式(3-60)代入式(3-50),整理后得

$$U = -\frac{m_e}{2e}\left\{\left[-\frac{2kT_e}{m_e}\ln\frac{n_i(1+\delta_i)\sqrt{m_e T_i/m_i T_e}}{(1-\delta_e)n_e}\right]^{1/2} + v_s\right\}^2 \quad (3-61)$$

2. 讨论

当等离子体的温度较低时,二次电子系数 $\delta_e \approx \delta_i \approx 0$, $T_e \approx T_i$,电子密度与离子密度相等($n_e \approx n_i$),非偏置固体相对于空间环境静止,即 $v_s = 0$,则由式(3-61)得

$$U = -\frac{kT_e}{e}\ln\sqrt{\frac{m_i}{m_e}} \qquad (3-62)$$

此时 $U \propto T_e$ 。若 $v_s \neq 0$,则

$$U = -\frac{m_e}{2e}\left[\left(-\frac{2kT_e}{m_e}\ln\sqrt{\frac{m_e}{m_i}}\right)^{1/2} + v_s\right]^2 \qquad (3-63)$$

地球低轨道环境,在太阳平静期内,等离子体在温度在 0.1～1eV 之间变化。由式(3-63)得表面充电电位 U 与非偏置固体速率 v_s 的关系,如图 3-6 所示。

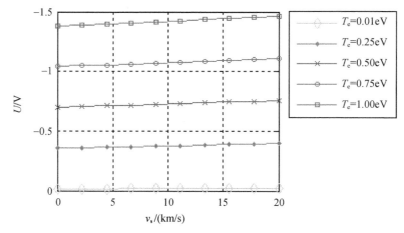

图 3 - 6　表面电位与非偏置固体运动速率关系(电子温度较低)

从图 3 -6 中可以看出,在太阳平静期内,非偏置固体的表面仅仅能够带上较低的负电位。电子温度越高,表面负电位也就越高,在相同的电子温度下,表面负电位随着固体运动速度的增加而呈现增加趋势。

以地球低轨道等离子环境参数为例进行航天器表面充电计算,其高度为 350km,轨道速度 $v_s = 7.5 \times 10^3 \text{m/s}$,离子为氧离子,$m_i = 2.657 \times 10^{-26} \text{kg}$,$n_i/n_e \approx 1$,$T_i/T_e \approx 1$,电子温度 T_e 变化范围为 $1.04 \times 10^{-2} \sim 2.34 \times 10^{-1} \text{eV}$。由式(3 -61)得到地球低轨道非偏置固体表面电位与电子温度的关系,如图 3 -7 所示。

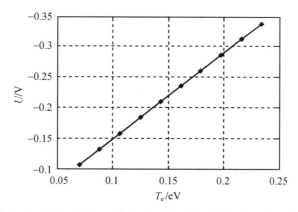

图 3 - 7　地球低轨道非偏置固体表面电位与电子温度的关系

在非偏置固体的速率保持不变的情况下,表面负电位随着电子温度的增加而增加,几乎为线性关系,但总体电压水平较低。

当等离子体的温度较高时,粒子具有较高的能量。太阳剧烈活动时,太阳风会带来大量高能等离子体,能量范围为 1 ~ 20keV,此时将不能忽略二次电子效应。不同材料特性、不同表面电位及不同入射粒子能量等因素影响使二次电子系数发生复杂变化。为了简化计算,设二次电子系数为固定值,如 SiC 材料 $\delta_e = 0.83$ 且 $\delta_e \approx \delta_i$,由式(3-61)可得表面充电电位 U 与非偏置固体速率 v_s 的关系,如图 3-8 所示。

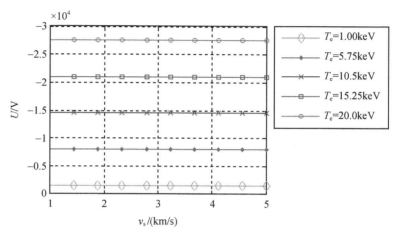

图 3-8　表面电位与非偏置固体运动速率的关系(电子温度较高)

从图 3-8 中可以看出,电子温度越高,表面负电位也就越高,表面电位可达到上千伏,在极端条件下甚至能够达到上万伏。此时,非偏置固体的运动速率对表面电位的影响相对较小,电位基本呈现直线状态。当电子的温度达到14keV 极端条件时,表面充电电位为 1.9334×10^4 V。与高轨带电试验 ATS-6卫星飞行试验的探测结果一致。此时的光照面由于光电流的影响,表面将充到相对较低的电位,造成航天器的不同部位表面较大的电势差。当该电势差达到放电阈值时,将发生不同表面间放电以及航天器表面向空间等离子体放电。

3.4.2　等离子体环境下孤立导体表面充电时域特性

影响航天器充放电的因素包括空间环境、材料特性和航天器飞行参数等。航天器表面充电时间是影响放电频率的一个重要和直接因素。本节综合考虑等离子体环境中粒子特性、孤立导体球大小及二次电子特性等因素,从粒子的微观结构出发,在对每个粒子运用力学原理的基础上,运用统计方法,利用粒子的麦克斯韦速度分布函数,得出孤立导体球表面充电电位的时域表达式。在此基础上,利用电位表达式推导出孤立导体球净电荷量时域表达式及静电场能量时域表达式。通过讨论孤立导体球电位、静电荷量及静电场能量与时间及空间环境的关系,总结出等离子体环境下孤立导体球表面充电时域规律,为我国航天器表面充放电防护技术的研究提供一定的理论参考。

1. 孤立球形导体表面充电时域分析

正如前面所提到的,当到达孤立导体表面的电子密度与离子密度相等时,表面电位将达到一个稳定值,保持不变。

假设在 t 时刻,表面电位达到 $U(t)$ 时,由于负场强的存在,并非所有速率的电子都能够到达孤立导体球,只有面向孤立导体表面的运动即沿表面法向且能量大到足够克服负电位所产生的势能的电子,才能够到达导体表面。设电子的质量为 m_e,速度为 v_e,则电子的最小动能为

$$- U(t)e = \frac{1}{2}m_e v_{e\perp\min}^2 \qquad (3-64)$$

式中:$v_{e\perp\min}$ 为电子能够到达孤立导体表面的最小速率。即

$$v_{e\perp\min} = \sqrt{\frac{-2eU(t)}{m_e}} \qquad (3-65)$$

由式(3-65)可得,只有当电子的速度为

$$|v_{e\perp}| \geqslant \sqrt{\frac{-2eU(t)}{m_e}} \qquad (3-66)$$

时,电子才能够到达孤立导体表面,其中 $v_{e\perp}$ 为垂直于导体表面电子速度的大小。

设单位时间内到达孤立导体表面,速度在 $\mathrm{d}v_{e\perp}$ 区间的电子数为

$$\mathrm{d}\Gamma_e = n_e f(v_{e\perp})\mathrm{d}v_{e\perp} \qquad (3-67)$$

其中沿垂直于导体表面方向的速度分量的麦克斯韦分布函数为

$$f(v_{e\perp}) = \sqrt{\frac{m_e}{2\pi k T_e}}\exp\left(-\frac{m v_{e\perp}^2}{2k T_e}\right) \qquad (3-68)$$

将式(3-68)代入式(3-67)得

$$\mathrm{d}\Gamma_e = n_e\sqrt{\frac{m_e}{2\pi k T_e}}\exp\left(-\frac{m v_{e\perp}^2}{2k T_e}\right)\mathrm{d}v_{e\perp} \qquad (3-69)$$

对式(3-69)两边积分,电子流密度为

$$\Gamma_e = \int_{v_{e\perp\min}}^{\infty} n_e\sqrt{\frac{m_e}{2\pi k T_e}}\exp\left(-\frac{m_e v_{e\perp}^2}{2k T_e}\right)v_{e\perp}\,\mathrm{d}v_{e\perp} = n_e\sqrt{\frac{k T_e}{2\pi m_e}}\exp\left(-\frac{m_e v_{e\perp\min}^2}{2k T_e}\right)$$

$$(3-70)$$

将式(3-65)代入式(3-70)得

$$\Gamma_e = n_e\sqrt{\frac{k T_e}{2\pi m_e}}\exp\left[\frac{eU(t)}{k T_e}\right] \qquad (3-71)$$

由于负场强的存在,任何速率的离子均可到达导体表面。设质子的质量为 m_i,由气体动理论得

$$\mathrm{d}\Gamma_i = n_i f(v_{i\perp})v_{i\perp}\mathrm{d}v_{i\perp} \qquad (3-72)$$

式中

$$f(v_{i\perp}) = \sqrt{\frac{m_i}{2\pi kT_i}}\exp\left(-\frac{mv_{i\perp}^2}{2kT_i}\right) \tag{3-73}$$

则离子流密度为

$$\Gamma_i = \int_0^\infty n_i\sqrt{\frac{m_i}{2\pi kT_i}}\exp\left(-\frac{m_i v_{i\perp}^2}{2kT_i}\right)v_{i\perp}\,dv_{i\perp} \tag{3-74}$$

$$= n_i\sqrt{\frac{kT_i}{2\pi m_i}}$$

设导体电子引起的二次电子系数为 δ_e，由离子引起的二次电子系数为 δ_i，则二次电子流密度为

$$T_{se} = \delta_e/T_e + \delta_i T_i \tag{3-75}$$

设孤立导体球的半径为 R，面积 $S = 4\pi R^2$，则导体球表面电位与电量的关系为

$$U(t) = \frac{Q(t)}{4\pi\varepsilon R} \tag{3-76}$$

两边求微分为

$$dV = \frac{dQ}{4\pi\varepsilon R} \tag{3-77}$$

式中

$$dQ = (-\Gamma_e + \Gamma_i + \Gamma_{se})Sdt \tag{3-78}$$
$$= [-\Gamma_e(1-\delta_e) + \Gamma_i(1+\delta_i)]Sdt$$

则

$$dU = [-\Gamma_e(1-\delta_e) + \Gamma_i(1+\delta_i)]\frac{S}{4\pi\varepsilon R}dt \tag{3-79}$$
$$= [-\Gamma_e(1-\delta_e) + \Gamma_i(1+\delta_i)]\frac{R}{\varepsilon}dt$$

将式(3-71)、式(3-74)代入式(3-79)得

$$dU = \left[-n_e(1-\delta_e)\sqrt{\frac{kT_e}{2\pi m_e}}\exp\left(\frac{eU}{kT_e}\right) + n_i(1+\delta_i)\sqrt{\frac{kT_i}{2\pi m_i}}\right]\frac{R}{\varepsilon}dt \tag{3-80}$$

设初始条件 $t=0$ 时，$U=0$，积分整理后表面电位与时间的关系为

$$U(t) = -\frac{kT_e}{e}\ln\left[\left(1-\frac{n_e(1-\delta_e)}{n_i(1+\delta_i)}\sqrt{\frac{m_i T_e}{m_e T_i}}\right)\cdot\exp\left(-\frac{en_i(1+\delta_i)R}{kT_e\varepsilon}\sqrt{\frac{kT_i}{2\pi m_i}}\cdot t\right)+\right.$$
$$\left.\frac{n_e(1-\delta_e)}{n_i(1+\delta_i)}\sqrt{\frac{m_i T_e}{m_e T_i}}\right] \tag{3-81}$$

为了书写简便，令

$$a = -\frac{kT_e}{e}, \quad b = 1 - \frac{n_e(1 - \delta_e)}{n_i(1 + \delta_i)}\sqrt{\frac{m_i T_e}{m_e T_i}}$$

$$c = -\frac{en_i(1 + \delta_i)R}{kT_e \varepsilon}\sqrt{\frac{kT_i}{2\pi m_i}}$$

$$d = \frac{n_e(1 - \delta_e)}{n_i(1 + \delta_i)}\sqrt{\frac{m_i T_e}{m_e T_i}}$$

则

$$U(t) = a \cdot \ln[b \cdot \exp(ct) + d] \qquad (3-82)$$

式中：a、b、c、d 由等离子体环境参数及导体球参数决定。

将式(3-82)代入式(3-76)得导体球净电量随时间变化关系为

$$Q(t) = 4\pi\varepsilon Ra \cdot \ln[b \cdot \exp(ct) + d] \qquad (3-83)$$

已知道导体球静电场的能量为

$$E(t) = \frac{Q^2(t)}{8\pi\varepsilon R} \qquad (3-84)$$

将式(3-83)代入式(3-84)得导体球静电场能量随时间变化关系为

$$E(t) = 2\pi\varepsilon Ra^2 \cdot \{\ln[b \cdot \exp(ct) + d]\}^2 \qquad (3-85)$$

2. 讨论

在低地球轨道上（LEO），等离子体的温度较低，为了研究问题简单，近似认为相等（$T_e \approx T_i$），一般为 1500~5000K。电子密度和离子密度近似相等 $n_e \approx n_i$，一般为 $8 \times 10^{10} \sim 5 \times 10^{11} \, \mathrm{m}^{-3}$，离子以氧离子为主。当 $T_e = 0.0773\mathrm{eV}$，$T_i = 0.0745\mathrm{eV}$，$n_e = 7.11 \times 10^{11} \mathrm{m}^{-3}$，$n_i = 7.03 \times 10^{11} \mathrm{m}^{-3}$ 时，由式(3-82)计算得到，孤立导体的表面电位为 0.36V，与欧空局的 SPIS（spacecraft plasma interaction system）仿真软件计算得到的低轨道等离子体环境下航天器的充电电位 $-0.3 \sim -0.334\mathrm{V}$ 相一致。SPIS 软件在对卫星模型进行仿真的过程中考虑了更多的实际情况，起电率相对较小，式(3-82)计算过程为理想情况，起电率相对较大，因此在充电时间上小于 SPIS 软件计算所得到的时间。

设孤立导体球的半径为 0.1m。对处于阴影期的低轨孤立导体，光电流为 0，忽略二次电子流，即式(3-82)中

$$b = 1 - \sqrt{\frac{m_i}{m_e}}, \quad c = -\frac{en_i R}{kT_e \varepsilon}\sqrt{\frac{kT_i}{2\pi m_i}}, \quad d = \sqrt{\frac{m_i}{m_e}}$$

当 $n_e = 8 \times 10^{10} \mathrm{m}^{-3}$ 保持不变时，由式(3-82)得到不同等离子体的温度下孤立导体球表面充电电位随时间变化曲线，如图 3-9 所示。

从图 3-9 中可以看出，孤立导体球表面充电电位曲线在最初阶段斜率较大，变化较为明显，随着时间的增加曲线逐渐趋于平缓，最后曲率为 0。说明孤

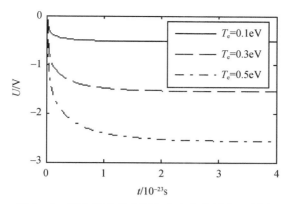

图 3 - 9　孤立导体球表面充电电位曲线(n_e 不变)

立导体在最初时间内充电较为明显,电位增加较为明显,随着时间的增加电位逐渐趋于一个固定值保持不变。在相同的时间内等离子体的温度越高孤立导体表面的充电电位也就越高,且最终的充电电位也越高。

当 $T_e = 0.5eV$ 保持不变时,由式(3 - 82)得到不同等离子体浓度下孤立导体球表面充电电位随时间变化曲线,如图 3 - 10 所示。

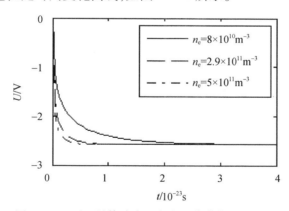

图 3 - 10　孤立导体球表面充电电位曲线(T_e 不变)

从图 3 - 10 中可以看出,孤立导体球表面充电电位曲线在最初阶段斜率随着离子浓度的增加而增加,随着时间的增加斜率均有所下降,斜率趋近于 0,且最终曲线趋近于同一个值。说明在相等的时间内,随着等离子体浓度的增加孤立导体球表面充电电位增加也越为明显,浓度越高孤立导体球表面电位到达最高值的时间就越短,随着时间的增加它们最终的充电电位是相等的。

同理,当 $n_e = 5 \times 10^{11} m^{-3}$ 保持不变,由式(3 - 83)得到不同等离子体的温度下孤立导体球净电荷量随时间变化曲线,如图 3 - 11 所示。

从图 3 - 11 中可以看出,孤立导体球在最初时间内充电较为明显,净电荷量

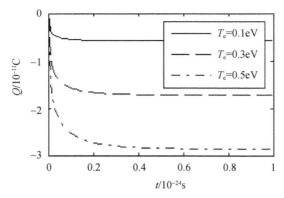

图 3 – 11   孤立导体球净电荷量随时间变化(n_e不变)

增加较为明显,随着时间的增加净电荷量逐渐趋于一个固定值保持不变。在相同的时间内等离子体的温度越高,孤立导体球的净电荷量也就越高,最终的净电荷量也越高。

当 $T_e = 0.5eV$ 保持不变时,由式(3 – 83)得到不同等离子体的浓度下孤立导体球的净电荷量随时间变化曲线,如图 3 – 12 所示。

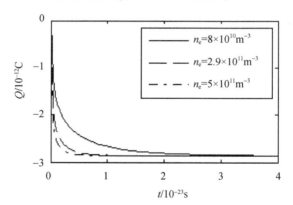

图 3 – 12   孤立导体球净电荷量随时间变化(T_e不变)

从图 3 – 12 中可以看出,在相等的时间内,随着等离子体浓度的增加孤立导体球的净电荷量的增加也越为明显,浓度越高孤立导体球的净电荷量到达最高值的时间就越短,随着时间增加它们最终的净电荷量是相等的。

当 $n_e = 8 \times 10^{10} m^{-3}$ 保持不变,由式(3 – 85)得到不同等离子温度下孤立导体球的静电场能量随时间变化曲线,如图 3 – 13 所示。

从图 3 – 13 中可以看出,孤立导体球在最初时间内静电场能量增加较为明显,随着时间的增加净电荷量逐渐趋于一个固定值保持不变。在相同的时间内等离子体的温度越高孤立导体球的静电场能量也就越高,最终的静电场能量也越高。

当 $T_e = 0.5\mathrm{eV}$ 保持不变时,由式(3−85)得到不同等离子体的浓度下孤立导体球的静电场能量随时间变化曲线,如图 3−14 所示。

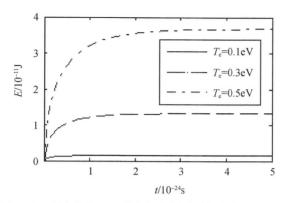

图 3−13　孤立导体球的静电场能量随时间变化(n_e不变)

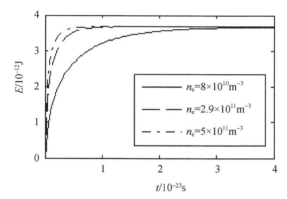

图 3−14　孤立导体球的静电场能量随时间变化(T_e不变)

从图 3−14 中可以看出,在相等的时间内,随着等离子体浓度的增加孤立导体球的静电场能量增加也越为明显,浓度越高孤立导体球的静电场能量到达最高值的时间就越短,随着时间的增加它们最终的静电场能量是相等的。

在高度较高的地球同步轨道上(GEO),等离子体的温度很高,基本处于 $10^7 \mathrm{K}$ 数量级,等离子体的浓度较低一般为 $10^7 \mathrm{m}^{-3}$。离子以质子为例进行计算,由式(3−82)得到孤立导体球表面充电电位随时间变化曲线,如图 3−15 所示。

从图 3−15 中可以看出,GEO 轨道孤立导体充电电位较高,达到 −3237V,主要由于离子的温度较高造成的。充电时间较 LEO 轨道增长,主要因为离子的浓度降低造成的。

由式(3−83)得到 GEO 轨道不同半径的孤立导体球净电荷量随时间变化曲线,如图 3−16 所示。

从图 3−16 中可以看出,在初始阶段充电电量变化较为明显,随着时间的增

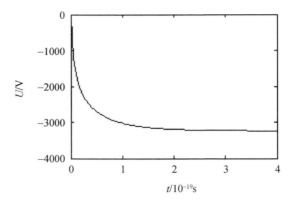

图3-15 孤立导体球表面充电电位随时间变化(GEO)

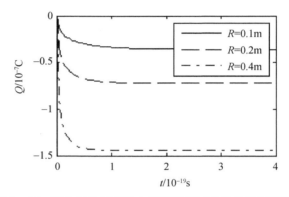

图3-16 孤立导体球的净电荷量随时间变化曲线(GEO)

加净电荷量逐渐趋近于一最大值。在等离子体环境参数保持不变的情况下,净电荷量的最大值随着孤立导体球的半径增加而增加,达到最大值的时间随着半径的增加而减小。

由式(3-85)得到GEO轨道不同半径的孤立导体球静电场能量随时间变化曲线,如图3-17所示。

从图3-17中可以看出,在初始阶段静电场能量的变化较为明显,随着时间的增加静电场能量逐渐趋近于一最大值。在等离子体环境参数保持不变的情况下,静电场能量的最大值随着孤立导体球的半径增加而增加,达到最大值的时间随着半径的增加而减小。当$R=0.4m$时,静电场能量的最大值是2.3×10^{-4}J,经地面微波低噪声硅半导体晶体管电磁脉冲损伤研究发现,当放电能量为2×10^{-5}J时电子元件将出现损伤,若孤立导体球与周围电子元件进行电磁脉冲放电,将有足够的静电场能量对其周围电子元气造成损伤和影响。在等离子体环境下,半径为0.1m的孤立导体球在GEO轨道处达到最大净电荷量的时间一般为10^{-19}s数量级,当等离子体的浓度增加或者孤立导体的体积增大时该时间将变得更小。SCHATH 卫星在轨测量到的材料静电放电时间为纳秒数量级,当环境参数保持不变且孤立导体满足放电条件时,由于充电时间远远小于放电时间,将产生不间断的持续放电,从而产生更大的危害。

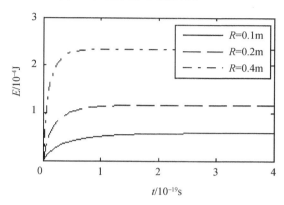

图 3 - 17　孤立导体球的静电场能量随时间变化曲线(GEO)

3.5　等离子体环境材料起电仿真软件

在前期理论与实践的基础上,本文开发设计了一套等离子体环境下材料起电仿真软件,该软件能够模拟不同材料在空间等离子体环境下的起电情况,包括德拜长度、二次电子系数、鞘层厚度、电位变化、表面电位、净电荷量、时域电位、电场能量、时域净电荷量、时域静电场能量等。软件分为五大模块,包括空间等离子体环境起电定值计算模块、二维曲线仿真计算模块、三维曲面仿真计算模块、物理常量及常见空间环境参数设置模块、软件使用说明模块。

软件启动界面如图 3 - 18 所示。

图 3 - 18　软件启动界面

仿真软件的"定值计算"模块可以通过输入等离子体环境参数的确定值及空间材料参数,包括电子温度、离子温度、物体轨道运行速度、电子密度、离子密度、球形物体半径、材质等参数,经过计算得到材料起电相关定值结果,包括德拜长度、二次电子系数、鞘层厚度、电位变化、表面电位、净电荷量、时域电位、电场能量、时域净电荷量、时域静电场能量等。

在"定值计算"模块界面左侧输入环境参数数据及选择材料,单击"确定"按钮,计算结果将在左侧窗口中输出。

仿真软件的"二维曲线"模块可通过输入等离子体环境某一参数的变化区间或空间材料某一参数的变化区间,包括电子温度变化区间、离子温度变化区间、物体轨道运行速度变化区间、电子密度变化区间、离子密度变化区间、球形物体半径变化区间、起电时间区间等,再经过计算便可得到以该参数变化区间为横坐标、材料参数及起电情况为纵坐标的二维曲线,包括德拜长度曲线、鞘层厚度曲线、材料二次电子系数曲线、电位随距离变化曲线、电位变化曲线、净电荷量曲线、静电场能量曲线、电位时域特性曲线、净电荷量时域特性曲线、静电场能量曲线等。在"二维曲线"模块界面左侧首先选择 x 轴参数,并输入参数变化区间及环境参数数据等,单击"确定"按钮,二维曲线计算结果将在左侧窗口中输出。通过计算结果输出窗口中"图形"下拉菜单可以进行德拜长度曲线、鞘层厚度曲线、材料二次电子系数曲线、电位随距离变化曲线、电位变化曲线、净电荷量曲线、静电场能量曲线、电位时域特性曲线、净电荷量时域特性曲线、静电场能量曲线等之间的切换。

仿真软件的"三维曲面"模块可通过输入等离子体环境任意两个参数的变化区间,再经过计算可得到材料起电的三维曲面。首先选择 x 轴参数区间、y 轴参数区间并输入区间数值,然后输入其他参数数值,单击"确定"按钮得到仿真结果。通过计算结果输出窗口中"图形"下拉菜单可以进行不同参数三维曲面之间的切换。

第4章 航天器表面带电基础理论

4.1 概　述

　　航天器表面带电是指能量不能穿透航天器表面的等离子体与运行其中的航天器相互作用,在航天器表面积累电荷的现象,又称航天器表面充电。引起航天器表面带电的等离子体能量较低,一般在50keV以下,这种粒子的入射深度在微米量级以内,几乎不能穿透航天器表面而在表面积累。当电荷积累到一定程度,其产生的电场超过该表面材料的击穿阈值时,表面材料被击穿,出现静电放电。在空间环境中,航天器的表面充电电位是随着空间等离子体的状态而变化的。

　　航天器表面带电分为绝对带电和不等量带电两种类型。其中,绝对带电是指航天器结构相对于周围空间等离子体的电位,不等量带电是指航天器不同表面之间的不等量电位变化。不等量带电是造成航天器表面放电的主要原因。能造成表面带电的电子穿透航天器表面的深度小于$1\mu m$,所以表面涂层在决定航天器充电电位时起着很大作用。表面达到电流平衡的时间很短,通常为毫秒量级。每个表面达到自身平衡电位的时间则长得多,是电流平衡时间的数千倍。

　　航天器表面不等量带电的原因是航天器表面由多种材料覆盖,不同材料的二次电子发射系数和背散射系数不同,因此具有不同的平衡电位,相邻表面间的电位差导致了航天器表面不等量带电。航天器表面光照面和背阳面由于光电子发射也会造成不等量带电。航天器的"地"电位与航天器表面的平均特性有关,每个表面对航天器"地"充电的电位不同,表面介质材料电位与下面导体电位间的差别是不等量带电的又一来源。

　　图4-1是航天器表面电势随轨道高度和纬度变化的分布情况。从图中可以看出,高电势充电主要在地球同步轨道附近。这张图由美国高轨道带电实验卫星SCATHA、应用技术卫星ATS-5、AT-6等一系列卫星飞行实验探测的结果绘制而成。

　　航天器表面的充电电位由等离子体环境变化决定。在太阳活动平静期内,地球同步轨道的等离子体温度1eV数量级,密度为$1\sim10^2 cm^{-3}$,所以航天器只能带几伏的电位。

　　在太阳活动引起的磁暴及磁层亚暴期间,大量能量为$1\sim50keV$的高温等

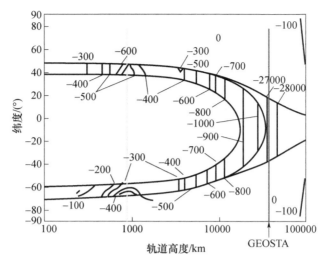

图 4-1 航天器表面电势随轨道高度和纬度变化的分布情况

离子体从磁尾注入,注入区域在磁尾子夜子午面附近很窄的区域内。这些粒子可以进入磁层很深的地方被地磁场捕获。由于粒子的螺旋运动及磁场的梯度作用,电子向东漂移,离子向西漂移,形成环电流。正是这些高能带电粒子使航天器充电到高电位。由于电子的质量轻,运动速度快;离子的质量比电子重得多,其运动速度远远低于航天器的轨道速度,所以航天器大部分表面带负电位。

基于带电粒子从磁尾子夜区注入、电子向东漂移的事实,大部分航天器带电造成的故障及异常发生在本地时间子夜到黎明期间。

研究表明,日照区航天器表面的光电子电流大于等离子体环境中入射的电子流,所以航天器光照面仅能充电到很低的正电位或很低的负电位,只有航天器的阴影表面才能充电到很好的负电位。另外,不同材料、不同结构的二次电子发射系数、背散射系数、光电子发射系数、介电系数,在相同的环境条件下充电电位也不同。

综合上述因素,航天器不同部位表面将会不等量带电,从而造成不同表面的电势差。当这个电势差达到某个阈值时,将发生不同表面间的放电以及航天器表面向空间等离子体的放电。

表面带电对航天器的影响问题发现在 20 世纪 70 年代。美国发现在地球同步轨道上的 50 多颗卫星发生了许多不正常现象,这些异常现象严重干扰了卫星的正常工作,引起了设计部门的重视,组织了各方面的人员对 4 个系列共 19 颗卫星所发生的事故进行了系统分析。这些卫星包括国防通信卫星 2(DSCS2)、国际通信卫星 3/4(Intersat3/4)和电信卫星(Telsat)等,事故大约有以下几种:

(1)电源、微电子器件、敏感器件损坏;

(2)通信系统增益在没有地面指令情况下自动改变;

（3）逻辑系统出现乱真切换；

（4）光学传感器出现异常；

（5）天线指向系统失灵,造成天线指向错误；

（6）消旋机构失灵,卫星自动旋转；

（7）卫星温度发生微小但系统的变化,估计是表面温控材料在充放电时性能退化所致。

综合上述故障:发现主要有三类问题:电磁干扰、电源和敏感器件损坏以及表面材料性能退化。

分析研究发现:这些现象都发生在地磁扰动时,卫星又大多数处于地方时 00~06 点之间。通过对星载仪器测量结果的分析,配合大量的地面模拟试验,认为这些事故是由于地磁亚暴时从磁尾注入一团高温等离子体(能量约为 20keV)造成航天器表面带电所致。因此,表面带电的研究作为保证地球同步轨道卫星正常工作的问题被提出来了。

4.2　表面带电电流分析

了解航天器带电原理的方法之一是将航天器看成一个插入等离子体中的朗谬尔探针,探针电流是由于等离子体中的带电粒子撞击到探针形成的。由于在空间无法形成连续流动的电流,等离子体中的带电粒子可以使航天器充电至数倍于电子能量的电位。

等离子体中的电流收集模型有两种,分别称为轨道限制模型和空间电荷限制模型。在地球同步轨道,等离子体的密度非常稀薄,几乎不存在任何空间电荷屏蔽,航天器电位近似以半径的倒数下降,适合采用轨道限制模型。在低地球轨道,等离子体较稠密,被吸附粒子的空间电荷屏蔽了吸附电子,限制了电位的变化范围,电流收集是以空间电荷限制方式进行的,适合采用空间电荷限制模型。

由于航天器复杂的几何形状、表面材料种类繁多、不容易获取参考地,因而航天器表面电位的分析与预测远比等离子体探针电位计算复杂得多。航天器的每个绝缘表面分别与等离子体相互作用,这些表面又分别以电容性和电阻性耦合到航天器框架和其他表面。每个表面都相互联系并且各不相同,每个表面对等离子体的悬浮电位以及这些表面间的不等量带电也不一样。

运行于等离子环境的航天器,通过表面充电过程,使航天器与周围等离子体达到电平衡,即整个航天系统和独立的绝缘表面净电流为零。该平衡条件决定了航天器相对于周围等离子体的表面电压。航天器表面由导体和(或)绝缘材料组成。对导电表面而言,是整体达到电平衡;而对于绝缘材料,局部达到电平衡。在平衡建立的过程中,所有自然环境因素都需要考虑,同时还要考虑运动感生电位、航天器自身产生电压以及磁场抑制电子从表面逃逸等。

图 2 - 1 给出了航天器表面电流进出情况。当电子和正离子撞击在航天器表面材料上时,会产生二次电子和反向散射电子。在太阳光照条件下,还会发射光电子。表达航天器充电的电流平衡方程为

$$I_{\mathrm{T}}(V) = I_{\mathrm{E}}(V) - [I_{\mathrm{I}}(V) + I_{\mathrm{SE}}(V) + I_{\mathrm{B}}(V) + I_{\mathrm{PH}}(V) + \quad (4-1)$$
$$I_{\mathrm{SI}}(V) + I_{\mathrm{RLC}}(V)]$$

式中:V 是航天器相对于空间的表面电位;I_{T} 为总电流(平衡时 $I_{\mathrm{T}} = 0$);I_{E} 为入射到航天器表面的电子电流;I_{I} 为入射到航天器表面的离子电流;I_{SE} 为 I_{E} 产生的二次电子电流;I_{SI} 为 I_{I} 产生的二次电子电流;I_{B} 为 I_{E} 产生的背散射电子电流;I_{PH} 为光电子电流;I_{RLC} 为与邻近表面由于电阻、电容、电感间的差别导致的电流。

平衡条件下,净电流 $I_{\mathrm{T}}(V) = 0$。当平衡时,充电过程停止,航天器达到平衡充电水平,也称为漂浮电位。当然,平衡是动态的,当电流改变时,漂浮电位也随着变化。

航天器表面的充电电流来源主要由两部分组成:一是对空间等离子体中电子和离子的收集形成的一次电流;二是与表面材料特性有关的二次电流,如二次电子发射、背散射电子和光电子电流等。影响航天器表面的参数有空间电子束流密度、空间离子束流密度、材料的光电流密度、电子产生的材料二次电子发射系数、材料的背散射系数、离子产生的材料二次电子发射系数、材料的体电阻和材料的表面电阻。下面对影响表面带电各电流的计算方法进行分析。

4.2.1　空间等离子体的电子电流和离子电流

正如第 3 章所描述的,航天器材料表面带电产生的电位将在航天器周围产生等离子屏蔽,并改变其周围环境的带电粒子的数量,电流收集是屏蔽表面形状的函数,屏蔽体尺寸由等离子体的德拜长度决定,其计算公式为

$$L_{\mathrm{debye}} = 69 \, (T_e / N_e)^{0.5} \quad (4-2)$$

式中:T_e 和 N_e 分别是电子的温度和密度。

前面提到,最基本的等离子体中电流收集模型有两种,分别称为轨道限制模型和空间电荷限制模型,通常前者适用于地球同步轨道的稀薄等离子体中的电流收集,而后者则用于描述较低轨道的冷稠等离子体中的电流收集。对于地球同步轨道的麦克斯韦分布的等离子体,电子和离子的电流收集方程为:

$$I_e = I_e^o e^{\phi / \theta} \quad (4-3)$$
$$I_i = I_i^o (1 - \phi / \theta) \quad (4-4)$$

式中:I_e、I_i 分别为电子和离子电流;θ 为等离子体的温度;ϕ 为表面电位;I_e^o、I_i^o 分别为 $\phi = 0$ 时的电子电流和离子电流。

由式(4-3)和式(4-4)可以看出,除了入射电子电流,其他各项导致的趋势都使电位升高。当表面电位为正时,入射电子几乎全部达到航天器表面,入射电流恒定;当电位为负时,入射电子到达表面的比率随电位的降低而减少,对应

即电流的减少,与表面入射电子电流相反。当表面电位为正时,入射离子到达表面的比率随电位的升高而减少,对应即电流的减少;当电位为负时,入射离子几乎全部达到航天器表面,入射电流恒定。同时可以看出,航天器表面充电的最高电位决定于高能电子而不是所有电子。

地球空间的等离子体可用麦克斯韦－玻耳兹曼分布来描述。麦克斯韦－玻耳兹曼分布 F_j 按下式计算:

$$F_j(V) = n_j \left(\frac{m_j}{2\pi k T_j}\right)^{3/2} \exp\left(\frac{-m_j v^2}{2k T_j}\right) \qquad (4-5)$$

式中:F_j 为第 j 种粒子的分布函数;k 为玻耳兹曼常数(1.38×10^{-23}J/K);T_j 为第 j 种粒子的温度;v 为粒子速度(m/s)。

相应的速率分布函数为

$$\frac{\mathrm{d}N}{N} = \left(\frac{m}{2\pi kT}\right)^{3/2} e^{-m(v_x^2+v_y^2+v_z^2)/2kT}\mathrm{d}v_x\mathrm{d}v_y\mathrm{d}v_z \qquad (4-6)$$

由于速率在 $v+\mathrm{d}v$ 范围内的粒子应该是处于一个以 v 为内半径,$\mathrm{d}v$ 为壳厚的球壳范围内,这个微元可以写成 $\mathrm{d}\omega=4\pi v^2\mathrm{d}v$,所以式(4-6)可以写成

$$\frac{\mathrm{d}N}{N} = \left(\frac{m}{2\pi kT}\right)^{3/2} e^{-mv^2/2kT}4\pi v^2\mathrm{d}v \qquad (4-7)$$

对于一个处于粒子环境中的六面体,入射到它某个面上的速率一定的粒子可以认为是某个方向上的速率分量一定的粒子,例如:

$$\frac{\mathrm{d}N}{N} = \left(\frac{m}{2\pi kT}\right)^{3/2} e^{-mv_x^2/2kT}\mathrm{d}v_x \int_{-\infty}^{+\infty} e^{-mv_y^2/2kT}\mathrm{d}v_y \int_{-\infty}^{+\infty} e^{-mv_z^2/2kT}\mathrm{d}v_z = \left(\frac{m}{2\pi kT}\right)^{1/2} e^{-mv_x^2/2kT}\mathrm{d}v_x$$

$$(4-8)$$

其中利用了

$$\int_{-\infty}^{+\infty} e^{-mv_x^2/2kT}\mathrm{d}v_x = \left(\frac{2\pi kT}{m}\right)^{1/2} \qquad (4-9)$$

单位时间内能够打到六面体一个面上单位面积范围内的速率一定的粒子数应该是某个方向上速率一定的所有粒子,即

$$Nf(v_x)\mathrm{d}v_x\mathrm{d}t\mathrm{d}A \qquad (4-10)$$

那么单位时间内打到这个面上的所有速率范围内的粒子就应该是

$$\int_0^\infty Nv_x f(v_x)\mathrm{d}v_x = \int_0^\infty Nv_x \left(\frac{m}{2\pi kT}\right)^{1/2} e^{-mv_x^2/2kT}\mathrm{d}v_x = N\left(\frac{kT}{2\pi m}\right)^{1/2} \qquad (4-11)$$

考虑到等离子体环境中的电子电流密度为

$$j_{e0} = \frac{N_e q}{2}\sqrt{\frac{2kT}{\pi m}} \qquad (4-12)$$

如果这个表面有一个原始的负电位 V,它将排斥电子,因此只有电子的速度满足

$\dfrac{1}{2}mv^2 > Vq$ 的粒子才能打到这个表面,因此式(4 – 11)变成

$$\int_{\sqrt{\frac{2qV}{m}}}^{\infty} N v_x f(v_x)\,\mathrm{d}v_x = \int_{\sqrt{\frac{2qV}{m}}}^{\infty} N v_x \left(\frac{m}{2\pi kT}\right)^{1/2} e^{-mv_x^2/2kT}\,\mathrm{d}v_x \qquad (4 - 13)$$

通过求解上述方程可得,航天器材料表面的入射电子和离子电流分别为

$$\begin{cases} j_e = \dfrac{N_e q}{2}\sqrt{\dfrac{2kT_e}{\pi m_e}}\, e^{\frac{qV}{kT_e}} \\[3mm] j_i = \dfrac{N_i q}{2}\sqrt{\dfrac{2kT_i}{\pi m_i}}\left(1 - \dfrac{qV}{kT_i}\right) \end{cases} \qquad (V < 0) \qquad (4 - 14)$$

$$\begin{cases} j_e = \dfrac{N_e q}{2}\sqrt{\dfrac{2kT_e}{\pi m_e}}\left(1 + \dfrac{qV}{kT_e}\right) \\[3mm] j_i = \dfrac{N_i q}{2}\sqrt{\dfrac{2kT_i}{\pi m_i}}\, e^{-\frac{qV}{kT_i}} \end{cases} \qquad (V > 0) \qquad (4 - 15)$$

4.2.2　二次电子电流

当一个电子轰击一个表面时,即可能出现电子发射,这取决于入射电子的能量。如果入射电子的能量低于10eV,电子只会从表面发射,而更高能量的入射,会与表面材料的相邻电子相互作用,导致能量传递。材料中的一个或多个电子可能由于获得足够的能量而作为二次电子离开表面。也就是说,入射电子(即初始电子)从表面轰出一个或多个电子,即二次电子。二次电子能量的典型值为几电子伏。

在高能量下,初始电子会因为注入材料过深而导致被传递能量电子的逃逸(发射)概率降低。而在非常低的能量下,初始电子将不具有足够的能量来激发二次电子,因此二次电子的发射概率也低。二次电子发射的最大概率(也称为发射系数或产额)必然位于一个中间能量区域。

对于某些材料,当初始电子一个中间能量范围为 $E_1 < E < E_2$ 时,二次电子的发射概率 $\delta(E)$ 将会大于1,即

$$\delta(E) > 1 \quad (对于\ E_1 < E < E_2) \qquad (4 - 16)$$

能量 E_1 和 E_2 的典型值分布为 70eV 和 1200eV(表 4 – 1)。在本质上,当初始电子的能量位于该能量范围时,每入射1个初始电子,将有多于1个二次电子发射出去(图 4 – 2)。在文献中,概率 $\delta(E)$ 也称为二次电子系数或二次电子产额(SEY)。

二次电子电流的计算可由下式得出:

$$I_{se} = I_e \delta_{se} \qquad (4 - 17)$$

$$I_{si} = I_i \delta_{si} \qquad (4-18)$$

式中：I_{se} 和 I_{si} 分别为电子和离子产生的二次电子电流；I_e 和 I_i 分别是电子和离子电流；δ_{se}、δ_{si} 分别为电子、离子产生的二次电子发射系数。

表 4-1　材料的二次电子和背散射电子发射特性表

材料	E_{max}/keV	δ_{max}	Z	A	B	C
镁（Mg）	0.25	0.92	12	0.1460	0.0250	03440
铝（Al）	0.30	0.97	13	0.1568	0.0303	0.3431
聚酰亚胺（Kapton 1）	0.15	2.10	5.3	0.07	0	0
聚酰亚胺（Kapton2）	0.25	1.80	5.3	0.07	0	0
氧化铝（Al_2O_3）	0.30	2.60	10	0.1238	0.01721	0.3435
聚四氟乙烯（teflon）	0.30	3	8	0.09	0	0
铜－铍（Cu－Be）	0.30	2.20	29	0.3136	0.03692	0.6207
玻璃（glass）	0.35	2.35	16.9	0.20	0.0420	0.4100
银（Ag）	0.80	1	47	0.39	0.289	0.6320
氧化镁（MgO）	0.40	4	10	0.1238	0.0172	0.3435
氧化铟（In_2O_3）	0.80	1.40	24.4	0.2750	0.0600	0.5400
金（Au）	0.80	1.45	79	0.4802	0.3566	0.6103
活化铜－铍（Cu－Be）	0.40	5	29	0.3136	0.0692	0.6207
晶体氧化硅（SiO_2）	0.42	2.50	10	0.1238	0.0172	0.3435
胶体石墨（colloidal graphite）	0.35	0.75	6	0.0800	0	0
融融石英（SiO_2）	0.33	3.46	10	0.1238	0.0172	0.3435
SCATHA 金涂层（gold paint）	0.70	1.03	70.1	0.4560	0.3380	0.6120
SCATHA 黄涂层（yellow paint）	0.48	1.49	42	0.3730	0.2760	0.6170
SCATHA ML12	0.30	1	6	0.0800	0	0
SCATHA 长杆材料（boom material）	0.59	1.86	63.4	0.4380	0.3250	0.6130
氟化镁（MgF_2）	0.85	6.38	10	0.1238	0.0172	0.3435

注：因生产商不同，材料的成分和特性会有所不同。材料在空间环境下长时间暴露也会渐渐改变其特性

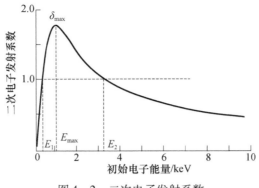

图 4 – 2 二次电子发射系数

空间带电粒子产生的二次电子电流大小主要取决于航天器表面材料的二次电子发射系数,也就是受二次电子发射系数与电子能量之间的函数关系式影响较大。根据国外试验和理论分析研究结果,材料的二次电子发射系数近似普适公式为

$$\delta_{se}(E) = 1.114\delta_m[1 - \exp(-Q)](E_m/E)^{0.35} \qquad (4-19)$$

式中:δ_m 为最大二次电子发射系数;E_m 为最大二次电子发射系数对应能量;E 为入射电子的能量,$Q = 2.28(E/E_m)^{1.35}$。在该近似普适公式中,二次电子发射系数由最大二次电子发射系数 δ_m 及其对应能量 E_m 这两个参数确定。

根据式(4 – 19),本章分析了材料二次电子发射特性对表面充电过程的影响。采取的 GEO 恶劣亚暴环境参数如下:电子温度为 12keV,电子密度为 $1.12 \times 10^6/m^3$,离子温度为 29.5keV,离子密度为 $0.236 \times 10^6/m^3$。

1. 材料有相同的 E_m、不同的 δ_m

考虑 δ_m 不同的情形,选 3 种材料,设其 E_m 均为 300eV,δ_m 分别为 1.5、2.0 和 2.5。最终得到的充电电位随时间变化的结果如表 4 – 2 所列。

表 4 – 2 $E_m = 300$eV 时不同 δ_m 不同时间对应的表面电位(单位:V)

δ_m	t/s							
	0.5	1.0	1.5	2.0	2.5	3.0	3.5	4.0
1.5	– 26893	– 33031	– 35329	– 36621	– 37215	– 37544	– 37752	– 37916
2.0	– 18183	– 22807	– 24727	– 25539	– 25885	– 26117	– 26260	– 26310
2.5	– 10289	– 11121	– 11190	– 11188	– 11200	– 11183	– 11192	– 11192

图 4 – 3 是 $E_m = 300$eV、δ_m 分别为 1.5、2.0 和 2.5 时在同一个坐标下充电电位随时间变化的曲线。可以看出,在 E_m 相同的情形下,δ_m 越高,平衡电位的绝对值越小。对于 $E_m = 300$eV 的情形:当 $\delta_m = 1.5$ 时,平衡电位为 – 37916V;当 $\delta_m = 2.0$ 时,平衡电位为 – 26310V;$\delta_m = 2.5$ 时,平衡电

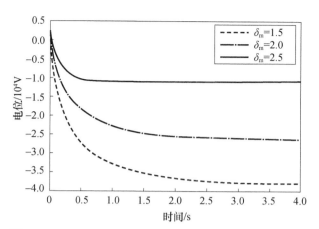

图 4－3　$E_m = 300\text{eV}$ 时不同 δ_m 对应的表面电位平衡曲线

位为 -11192V。在 $\delta_m = 2.0 \sim 2.5$ 的二次电子发射系数区间内,最终平衡电位差值可达 $15108\text{V}(E_m = 300\text{eV}$ 时$)$。

作为一个表征参数,最大二次电子发射系数越高,整个区间的二次电子发射系数也就越高,这样由入射电子与材料相互作用产生的二次电子就越多,一定程度上抵消了入射电子的电荷积累,从而使平衡电位的绝对值减小。这和 NASA 的数值模拟实验得到的规律是一致的。

2. 材料有不同的 E_m 相同的 δ_m

考虑 E_m 不同的情形。由于实际材料特性的限制,这方面尚没见到公开发表的系统的实验研究报道,仅在这里给出一些讨论。任考虑 3 种材料,设其 δ_m 均为 2.0,E_m 分别为 200eV、300eV 和 400eV,最终得到的充电电位随时间的变化结果如表 4－3 所列。

表 4－3　$\delta_m = 2.0$ 时不同 E_m、不同时间对应的表面电位(单位:V)

E_m	t/s							
	0.5	1.0	1.5	2.0	2.5	3.0	3.5	4.0
200	-23080	-27977	-29533	-30037	-30216	-30220	-30222	-30220
300	-18183	-22807	-24727	-25539	-25885	-26117	-26260	-26310
400	-16397	-19361	-20627	-21171	-21408	-21514	-21597	-1655

图 4－4 是 $\delta_m = 2.0$、E_m 分别为 200eV、300eV 和 400eV 时在同一个坐标下充电电位随时间变化的曲线。可以看出,δ_m 相同且 E_m 始终小于达到材料表面的多数入射电子能量的情况下(恶劣亚暴时的情形),E_m 越高,平衡电位的绝对值越小。对于 $\delta_m = 2.0$ 的情形:当 $E_m = 200\text{eV}$ 时,平衡电位为 -30220V;当 $E_m =$

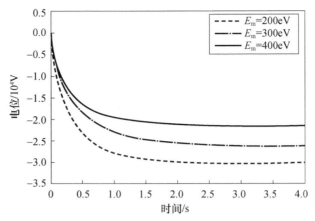

图4-4 $\delta_m = 2.0$ 时不同 E_m 对应的表面电位平衡曲线

300eV时,平衡电位为 -26310V;当 $E_m = 400\text{eV}$ 时,平衡电位为 -21655V。在 $E_m = 200 \sim 300\text{eV}$ 的区间内,最终平衡电位差值可达3905V($\delta_m = 2.0$ 时)。

最大二次电子发射系数对应的能量 E_m 越高,意味着二次电子发射特性曲线的峰值向高能量端移动。入射电子具有一定能量,即使在材料达到平衡电位时,多数到达材料表面入射电子的能量也只是比初始值有所减小,而不是为零。在 E_m 始终小于到达材料表面的多数入射电子能量的情况下,E_m 增加意味着入射电子对应的二次电子系数更接近峰值,即由入射电子与材料相互作用产生的二次电子越多,进而使平衡电位的绝对值减小。平衡电位随 E_m 的增加而减小,只能存在于一定的区间范围内。当 E_m 增大到大于到达材料表面入射电子的能量以后,随着 E_m 的增加,二次电子发射特性曲线的峰值继续向高能量端移动,会使入射电子对应的二次电子发射系数远离峰值,从而使总的二次电子发射系数减小,最终导致平衡电位绝对值升高。由于平衡电位随 E_m 的增加而减小,这一趋势存在的范围与到达材料表面入射电子的能量有关,后者与平衡电位有关,同时 E_m 本身又影响平衡电位,因而这是一个复杂的相互作用过程,其规律尚有待进一步研究。

4.2.3 背散射电子电流

背散射电子是从表面激发的能量在50eV以上的电子,常用的背散射电流计算方法可以参考散射理论。背散射电流由表面材料的背向散射产生率 Y_b 决定:

$$J_b = Y_b J_e \tag{4-20}$$

对于空间入射电子,其背散射系数 Y_b 为与表面入射电子能量 E_s 相关的函数,如表4-4所列。

表 4 - 4　背散射系数 Y_b 与电子能量 E_s 的关系

E_s/eV	Y_b
> 100000	0
10000 ~ 100000	$1 - 0.7358^{0.037z}$
1000 ~ 10000	$1 - 0.7358^{0.037z} + 0.1\exp(-E_s/5000)$
50 ~ 1000	$0.3338\ln E_s[1 - 0.7358^{0.037z} + 0.1\exp(-E_s/50)]$
< 50	0
注:上表中 z 为原子序数	

由背散射电子产生的电子束流密度的计算公式如下:

$$J_b = \int Y_b f(v) v_n \mathrm{d}^3 v \tag{4-21}$$

4.2.4　光电子电流

光电子效应在 20 世纪初就已发现。在地球同步轨道(GEO),光电子电流对航天器带电的影响非常大,当航天器进入太阳光照区域时,由于光子对航天器表面的轰击,激发出光电子。虽然光电子的能量相当低,仅为几电子伏,但它的速率往往超过到达航天器表面的等离子体的速率。所以光电子虽然不能使航天器充电到很高的电位,但由于它的数量较大,在表面充电过程中起着相当重要的作用,是平衡注入航天器表面的等离子体电子电流的主要因素。对于低地球轨道(LEO),光电子电流的影响相对较小。

在阴影区域,由于光电子的消失,航天器表面的负电位会显著增大。光电子的影响也是导致航天器带电,从而引起航天器异常现象的一个重要原因。

在地球同步轨道,当航天器表面在光照区时,介质表面的光电子电流加上二次电子电流将超过空间电子电流密度,所以一般认为在光照面航天器表面的电位近似为零,同时光电子的能量小于 20eV,因此在此条件下,介质表面带电电位小于 100V。

航天器表面光电流取决于材料的光电子发射系数、太阳光通量、太阳光的入射角度和航天器表面电位,以角度 θ 暴露于太阳表面上产生的光电流密度计算公式如下:

$$J_{pe} = J_{pe0}, \quad V \leqslant 0 \tag{4-22}$$

$$J_{pe} = J_{pe0}\exp\left(\frac{-eV}{kT_{pe}}\right), \quad V > 0 \tag{4-23}$$

式中: T_{pe} 为光电子的温度; J_{pe0} 为 $V=0$ 时的光电流密度,其计算公式如下:

$$J_{pe0} = J_{ph}Y\cos\theta \tag{4-24}$$

式中: J_{ph} 为太阳光通量; Y 为材料的光电子发射系数; $\cos\theta$ 为太阳光和航天器表面法线夹角的余弦值。

4.2.5　材料泄漏电流

材料泄漏电流是指航天器表面介质材料因带电而产生的流向导体的电流，它可利用材料的厚度和电导率计算得出。对于厚度为 d 的介质薄膜覆盖在底层导体上，如果介质表面电位 V_s 与导体电位 V_c 不同，那么将由于表面和体电导率而产生从表面到底层导体的电流。

$$I_c = G(V_s - V_c) \tag{4-25}$$

式中：G 为样品的表面电导和体电导之和。

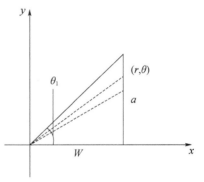

航天器材料表面电流的计算是通过相邻区域的表面电位的差值除以表面电阻得出，其计算公式如下：

$$I_s = \sum_{i=1}^{k} \frac{\Delta V}{R_s} \tag{4-26}$$

式中：ΔV 相邻区域的表面电位的差值；R_s 为此区域的表面电阻；ΔV 值在表面电位的计算过程中直接得出；R_s 则需根据区域的形状和表面电阻率通过计算得出。假如材料表面分割的形状为三角形，如图 4-5 所示，其表面电阻的计算过程如下：

图 4-5　三角形表面电阻
计算示意图

对于任意三角形，先计算 $\mathrm{d}\theta$ 角的电阻，对 $\mathrm{d}r$ 积分可得

$$\mathrm{d}R_\theta = \int_{r_0}^{\frac{w}{2\cos\theta}} \left(R_0 \frac{\mathrm{d}r}{2\pi r \frac{\mathrm{d}\theta}{2\pi}} \right) = \frac{R_0}{\mathrm{d}\theta} \ln \frac{w}{2r_0\cos\theta} \tag{4-27}$$

在 $0 \sim \theta_1$ 对 θ 进行积分：

$$R_{\text{三角1}} = \frac{R_0}{\displaystyle\int_0^{\theta_1} \frac{1}{\ln \dfrac{a-x}{r_0\cos\theta}} \mathrm{d}\theta} \tag{4-28}$$

式中：R_0 为表面电阻率；w、a 为三角形的两条边长，$\tan\theta_1 = a/w$。

将以上各部分电流代入式（4-1）中，当 $I_T(V)=0$ 时可以得到航天器材料表面上的充电电位。

如果航天器材料表面处于阴影区，不考虑光电流、二次电子电流、背散射电子电流等因素，则式（4-1）可以简化为

$$A_e J_{e0} \exp\left(\frac{qV}{kT_e} \right) - A_i J_{i0} \left(1 - \frac{qV}{kT_i} \right) = 0 \tag{4-29}$$

式中：A_e 和 A_i 分别为电子和离子的收集面积，求解该方程可以得到 V。

考虑磁层亚暴环境中等离子体电子和质子的能谱特性，可以得到简单的定

性结论：

$$V = T_e \ln f \qquad (4-30)$$

一般情况下，$\ln f$ 值为 $-4 \sim -2$。由于地磁亚暴期间，T_e 可达数万电子伏，因此航天器材料表面电位可高达数万伏。

除了上述影响因素外，航天器的结构状态（包括材料面积、尺寸和布局结构等）和部件的工作状况（加电状况和接地状况）等因素也会对航天器材料表面的带电产生影响。因此，在设计航天器防护方法时均需要考虑到上述所有因素。

4.3 表面带电数值仿真

4.3.1 SPIS

前面对航天器表面充电电流的研究表明：进出航天器表面的各种带电粒子流都是关于航天器表面电位的函数。假定等离子体是稳态的，在不计地磁场影响的条件下，围绕运动航天器的等离子体及其电场分布的理论计算都可以通过求解 Poisson – Vlasov 方程来解决，这是因为求解电场的空间分布需要已知电荷密度分布，而计算电荷密度分布需要知道各种带电粒子的分布，这些分布又受到电场的影响。对此进行解析求解是很有难度的，为此相关研究机构在充电基本理论的基础上，利用有限元等数值模拟技术开发了各种表面带电分析软件，用于求解类似航天器真实结构下的表面充电问题。目前，国际上广泛使用的通用性最好的表面带电计算机模拟软件主要有 3 种：美国宇航局的 NASCAP（NASA Charging Analyzer Program）、欧空局的 SPIS（Spacecraft Plasma Interaction System）以及日本的 MUSCAT（Multi – Utility Spacecraft Charging Analysis Tool）。这些计算机模拟软件具有相似的计算原理和方法，只是在使用及功能上有一些差别。图 4 – 6 给出了利用带电分析软件计算航天器表面带电参数的流程图。

想要对航天器表面的电流平衡方程进行求解，必须在满足整个航天器表面电流平衡的条件下，对泊松方程以及与无碰撞玻耳兹曼方程进行求解，如式（4 – 31）和式（4 – 32）所示。泊松方程的空间电荷密度和边界条件下为已知的，而无碰撞玻耳兹曼方程与时间无关。

$$\varepsilon_0 \, \nabla \cdot \boldsymbol{E} = -\varepsilon_0 \, \nabla^2 V = e(n_i - n_e) \qquad (4-31)$$

$$\boldsymbol{v} \cdot \nabla f_{i,e} - \frac{q_{i,e}}{m_{i,e}} \nabla V \cdot \nabla_v f_{i,e} = 0 \qquad (4-32)$$

式中：$n_e = \int f_e \mathrm{d}v$，为航天器周围空间电子密度；$n_i = \int f_i \mathrm{d}v$，为航天器周围空间离子密度；$\nabla$、$\nabla_v$ 分别为对航天器位置和速度空间的梯度算符。

这种模式可以精确地模拟计算出航天器表面电位的分布情况及周围等离子体的电荷分布等，但是对计算的时间和资源要求也相应地加大。利用由欧洲太

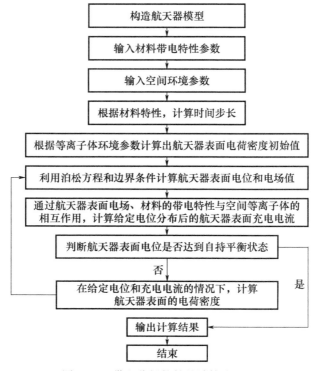

图 4 - 6　带电分析软件的计算流程图

空局资助开发的航天器与等离子体相互作用模拟软件 SPIS,参考 DEMETER 卫星在轨测试的等离子参数,基于粒子分室法(PIC)对航天器表面的带电情况进行了计算机模拟。

4.3.2　基于 PIC 算法的理论模型

通常主要采用 Poisson - Vlasov 系统描述等离子体环境中航天器和等离子体相互作用的方程,该方程可用来对自洽电磁场作用下等离子体带电粒子的运动变化过程进行动态描述。SPIS 软件采用了 PIC 运算方法,这种方法对等离子体的整体作用效果更为关注,而不是对实际粒子逐个进行计算,这是因为:等离子体环境中的粒子密度很大,逐个粒子计算耗费的计算机资源太大,计算所需要的时间也过长,在实际操作中不现实。PIC 方法流程图如图 4 - 7 所示。

在 PIC 算法中,利用计算机粒子概念来代表等离子体中粒子集体,这个计算机粒子定义为速度在一定区间内的特定粒子组合,设定此粒子集体的质量总和为 M_a,此粒子集体的电荷总和为 Q_a,而宏观集体的宏观数目为 N_{macro},可根据计算精度和计算时间来自由设定,实际粒子的数目取决于给定的等离子体浓度。宏观粒子的运动方程为

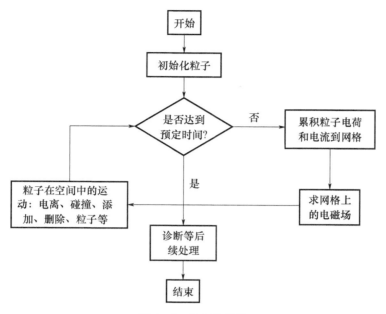

图 4 - 7　PIC 流程图

$$
\begin{cases}
M_a \dfrac{\mathrm{d}v_n}{\mathrm{d}t} = Q_a(E + v_n \times B) \\[2mm]
\dfrac{\mathrm{d}r_n}{\mathrm{d}t} = v_n \\[2mm]
\nabla^2 \phi = -\dfrac{\rho}{\varepsilon_0} \\[2mm]
E = -\nabla\phi
\end{cases}
\qquad (4-33)
$$

式中：v_n 为粒子的运动速度；E 为电场强度；B 为磁感应强度；r_n 为粒子的运行距离；t 为时间；ϕ 为电势；ε_0 为真空介电常数。

为了提高模拟计算的精度，程序中采用了"蛙跳（leap - flog）方法"，其主要思想是：在计算粒子运动时，在整时间点计算粒子的位置，而在半时间点计算粒子的速度，以该速度代表两个整时间点之间的平均速度。在方程组（4 - 33）中，运动方程和速度方程通过求解如下，其中（$n = 1, \cdots, N_{\mathrm{macro}}$）：

$$
\begin{cases}
M_a \dfrac{v_n^{\mathrm{new}} - v_n^{\mathrm{old}}}{\Delta t} = Q_a(E^{\mathrm{old}} + v_n^{\mathrm{old}} \times B) \\[2mm]
\dfrac{r_n^{\mathrm{new}} - r_n^{\mathrm{old}}}{\Delta t} = v_n^{\mathrm{new}}
\end{cases}
\qquad (4-34)
$$

方程组（4 - 33）中场方程的求解，可利用有限差分法，在三维笛卡儿网格上求解，如式（4 - 35）和式（4 - 36）：

$$\frac{\phi^{i+1,j,k} - 2\phi^{i,j,k} + \phi^{i-1,j,k}}{(\Delta x)^2} + \frac{\phi^{i,j+1,k} - 2\phi^{i,j,k} + \phi^{i,j-1,k}}{(\Delta y)^2} + \qquad (4-35)$$

$$\frac{\phi^{i,j,k+1} - 2\phi^{i,j,k} + \phi^{i,j,k-1}}{(\Delta z)^2} = \frac{\rho^{i,j,k}}{\varepsilon_0}$$

$$\begin{cases} E_x^i = \dfrac{\phi^{i+1,j,k} - \phi^{i-1,j,k}}{2\Delta x} \\[2mm] E_y^j = \dfrac{\phi^{i,j+1,k} - \phi^{i,j-1,k}}{2\Delta y} \\[2mm] E_z^k = \dfrac{\phi^{i,j,k+1} - \phi^{i,j,k-1}}{2\Delta z} \end{cases} \qquad (4-36)$$

式(4-35)中的 $\rho^{i,j,k}$ 代表了每个网格点上的电荷,在 PIC 运算方法中,生成网格之后,每一个网格点都可看成是一个以该网格点为中心的室,而粒子 p 则视为中心位于 (x_p, y_p, z_p) 处的粒子云,电荷均匀分布,将按电子云落入各室的电量累加到相对应的网格点上。对于三维的情况,把入室体积作为电荷分配的权重。

4.3.3 仿真计算

1. LEO

（1）仿真模型。由于航天器在空间环境中的尺寸相比于周围等离子体的德拜半径很小,因而基于对节省计算资源以及时间的考虑,在不影响分析结果的前提下,可将航天器模型简化为球形,建立的模型如图 4-8 所示。航天器模型的半径为 0.1m,上半球涂敷聚酰亚胺(Kapton),厚度为 $50\mu m$,下半球涂敷铟锡氧化膜(ITO)材料,航天器沿 $-X$ 轴方向运动,运动速度为 7.0km/s。

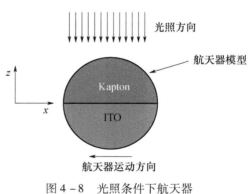

图 4-8　光照条件下航天器
结构模型(LEO)

外层球形为周围等离子体的边界,球形半径为 0.5m,LEO 环境等离子体参数如表 4-5 所列。航天器及周围等离子体仿真模型如图 4-9 所示。

表 4-5　航天器周围等离子体参数(LEO)

电子密度/m^{-3}	电子温度/eV	电子流密度/$(A \cdot m^{-2})$	离子密度/m^{-3}	离子温度/eV	离子流密度/$(A \cdot m^{-2})$
1.0×10^9	0.1	8.5×10^{-6}	1.0×10^9	0.1	2×10^{-7}

（2）仿真结果。航天器表面的电位计算结果如图 4-10 所示。由图 4-10 得出：下半球表面电位分布均匀一致，均为 -0.09V 左右，这是因为下半球材料为 ITO，可视为静电导体材料；上半球表面电位分布不均匀，有渐变过程，变化范围为 0 ~ 0.36V，这是因为上半球材料为 Kapton，可视为静电绝缘材料，在上球顶，由于光照原因，逸出的光电子流起主要作用，因而表面带正电。航天器上表面电位较低主要是因为 LEO 上电子和离子的能量较低。

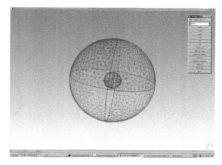

图 4-9　光照条件下航天器
仿真模型（LEO）

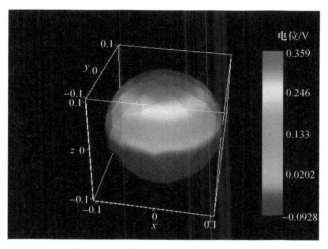

图 4-10　航天器表面的电位分布

xz 剖面离子和电子电荷密度分布分别如图 4-11 和图 4-12 所示。由图 4-11 和图 4-12 得出：在航天器运动的相反方向，离子密度较低，而电子分布则较为均匀，基本不受航天器运动方向的影响，这是因为，在低轨道，等离子体离子主要为氧离子，则其漂移速度为

$$v_j = \sqrt{\frac{2E_j}{m_j}} = \sqrt{\frac{2kT_j}{m_j}} = 1.1\,(\mathrm{km/s})$$

式中：E_j 为等离子体离子的动能；k 为玻耳兹曼常数；T_j 为等离子体离子的温度；m_j 为等离子体离子的质量。

利用相同公式可以求得电子的速度约为 187.6km/s，航天器的速度为 7.0km/s。可见，航天器的速度大于离子的速度，同时又远小于电子的速度，这样在航天器运行方向的背侧就会形成一个离子的耗尽区域，在这个区域，运动速

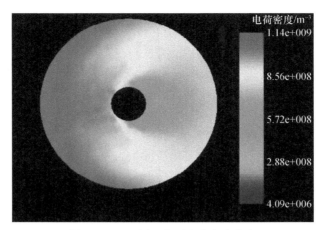

图 4 – 11 xz 剖面离子电荷密度分布

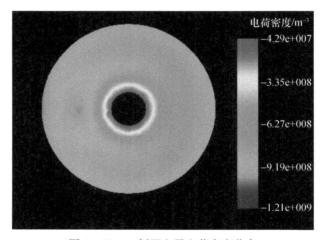

图 4 – 12 xz 剖面电子电荷密度分布

度远远大于航天器的电子受航天器运行速度的影响不大,而运动速度比航天器要小的离子几乎不能到达这个区域,所以形成负电位。可以说,航天器的运行速度与电子、离子速度之间的关系决定了在其运行方向的背侧必然会形成离子的尾迹效应。

xz 剖面航天器周围等离子体的电位分布如图 4 – 13 所示。从图中可以看出:在航天器的运动方向前方,等离子体的电位较高;在航天器运动方向背侧,等离子体的电位较低,这是因为在航天器运动方向背侧,相比航天器运动方向前侧,离子电荷密度较低,而电子电荷密度则几乎没有降低,形成这种分布状态的原因上面已经说明,这里不再重复。

二次电子电荷密度分布如图 4 – 14 所示。从图中看出:下半球二次电子分布均

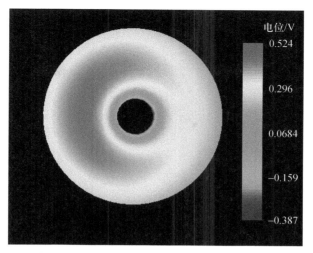

图 4 - 13 xz 剖面航天器周围等离子体电位分布

匀一致,均为 $7.33 \times 10^8/m^3$ 左右,这是因为下半球材料为 ITO,二次电子系数较小;上半球二次电子分布不均匀,有渐变过程,变化范围为 $2.17 \times 10^3 \sim 7.33 \times 10^8/m^3$,这是因为上半球材料为 Kapton,二次电子系数较大。

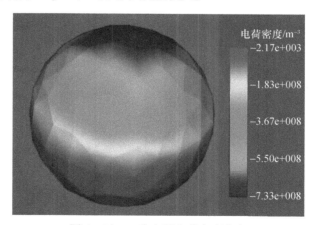

图 4 - 14 二次电子电荷密度分布

2. GEO

（1）仿真模型。由于航天器的两个太阳电池帆板是对称的,出于节省计算时间和计算机资源的考虑,在不影响分析结果的前提下,可只计算航天器的一个太阳电池帆板,另一边与之完全对称。建立模型如图 4 - 15 所示。

航天器模型由一个航天器主体和一个太阳电池板组成。其中,航天器主体为立方体,边长为 0.7m,立方体阴影面涂敷 Kapton 材料,其他表面涂敷 ITO 材料,太阳电池帆板长 4m,宽 0.7m;太阳光照面为太阳电池玻璃片,其他表面为碳

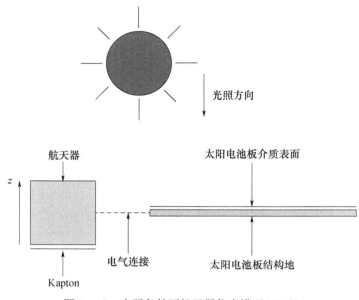

图 4 – 15　光照条件下航天器仿真模型（GEO）

纤维增强复合材料（Carbon Fiber Reinforced Plastic，CFRP）。这里尤其要注意：太阳电池板和航天器主体结构地是处于电气连接状态的。GEO 环境等离子体参数如表 4 – 6 所列。

表 4 – 6　最恶劣等离子体环境双麦克斯韦分布拟合参数（GEO）

参数 类型	密度/cm^{-3}		温度/keV		电子（质子）流密度/（A · m^{-2}）	
	n_1	n_2	kT_1	kT_2	Φ_1	Φ_2
电子	2.67	0.625	3.1	25.1	-1.07×10^{-7}	-5.33×10^{-6}
质子	0.6	1.2	0.2	28.0	5.30×10^{-9}	1.36×10^{-7}

　　（2）仿真结果。航天器表面电位计算结果如图 4 – 16 所示。从图中看出：经过一定的充电时间，航天器主体及太阳电池帆板上带电电位稳定后，太阳电池帆板上电位分布均匀，约为 -1.25×10^3 V（图 4 – 16（a））；航天器主体上，太阳光照面上电位分布均匀，与电池帆板上一样，带电电位约为 -1.25×10^3 V（图 4 – 16（a））；航天器主体的侧面，靠近背对太阳面的带电电位较高，约为 -1.20×10^4 V，靠近太阳光照面的带电电位则与太阳光照面基本一致，约为 -1.25×10^3 V，从低到高有一个渐变的过程（图 4 – 16（b）和图 4 – 16（d））；航天器主体的阴暗面，即背对太阳光照的一面，中间部分带电电位较高，约为 -2.68×10^4 V，边缘约为 -1.20×10^4 V，从边缘到中间有渐变的过程（图 4 – 16（c））。这是因为航天器主体背对太阳光照面的材料为 Kapton，可视为静电绝缘材料，由于没有光照，表面所带负电位较高；航天器其他部位的材料为 ITO，可视为静电导电材料，所带电位较均匀，由于

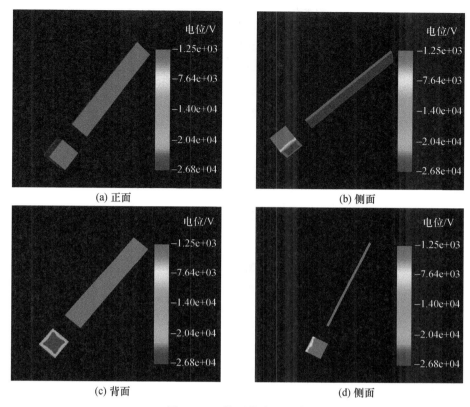

图 4 - 16　航天器表面电位

光照原因,光电子的逸出使得航天器表面流出的光电子流增大,所以带电负电位较低。与 LEO 航天器表面电位相比(图 4 - 10),GEO 航天器表面的电位要大得多,这主要是 GEO 等离子体电子能量很高的缘故,特别是在地磁亚暴期间,随着大量热电子的注入,等离子体的能量可高达数万电子伏以上,航天器表面极易带上数千伏电压。

考虑到仿真过程中所做的简化处理及等离子体环境参数的原因,仿真结果完全合理,而且在数值上与航天器在轨实际监测数据一致。同时,利用 SPIS 软件对航天器表面带电情况的仿真可以得到多方面的结果,得到的结果及规律对于下一步研究具有重要的参考意义。

xz 剖面航天器周围等离子体的电位分布如图 4 - 17 所示。从图中看出:太阳光照面,等离子体的负电位较低,约为 - 512V;航天器主体背对太阳光照面,等离子体的负电位很高,约为 -2.63×10^4 V。

热电子及冷电子电荷密度分布如图 4 - 18 所示。从图中看出:在靠近航天器主体背对太阳光照面处,热电子电荷密度明显较低,约为 $5.22 \times 10^5 / m^3$,其他位置处,则分布较为均匀,约为 $1.18 \times 10^6 / m^3$;在航天器主体附近,冷电子电荷密

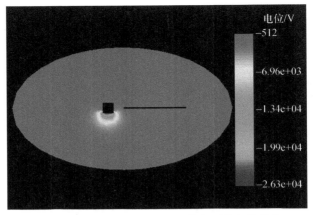

图 4 - 17 xz 剖面航天器周围等离子体电位分布

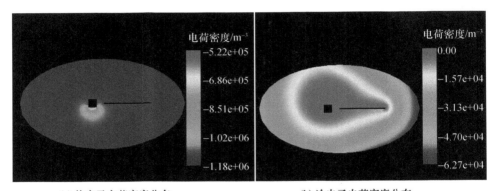

(a) 热电子电荷密度分布   (b) 冷电子电荷密度分布

图 4 - 18   电子电荷密度分布

度明显较低,几乎为 0,在等离子体边界处,冷电子电荷密度可达 $6.27 \times 10^{4} / m^{3}$,有渐变过程。

4.4   表面带电研究的新进展

近年来,航天器表面带电理论研究有一些新的进展,这些研究成果为提高表面带电电位分布分析的精度提供了支持。

4.4.1   自举

充电电位只限于单个表面相对于周围等离子体电位的单独计算,不考虑不同材料的邻近表面的电位作用,可能会出现错误的结果。为了解决这个问题,采用一种自举的方法非常有效。

　　自举的机理是入射电子产生的二次发射电子并没有完全逃逸到空间去,可能落到邻近表面,也可能笼罩在邻近表面的上方,造成入射电子的轨迹发生偏转或返回,这取决于它们的能量和角度。因此,必须考虑对入射电子通量密度和发射电子通量密度的修正,重新计算表面电位分布情况,并不断迭代,直至获得稳定的电位分布结构。

4.4.2　不对称电位

　　分析航天器表面充电电位时,除了计算表面材料参数的不同外,还要考虑空间环境参数的不对称性。例如,在磁暴或地磁亚暴期间以及在极轨地区,航天器周围电子带有明显的方向性。

　　阳光也是不对称性的一个重要因素。航天器光照区的光电子发射会抑制表面负电位的充电,在光照区形成一个电势壁垒。尽管光照区和阴影区的电位有时相对于周围等离子体环境都为负,但是光照区的电位比阴影区电位高,导致不等量带电。对于光电子发射系数高的表面,光照区表面常常带正电,更加剧了与阴影区表面的不对称性。不对称带电的现象如图 4 - 19 所示。

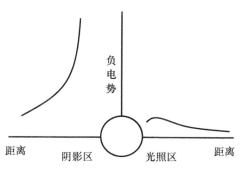

图 4 - 19　航天器表面不等量带电示意图

4.4.3　临界温度

　　对于给定的表面材料,只有入射电子温度(即入射电子能量)超过临界温度 T_c 时,表面才能产生负电位带电,这个概念基于电流平衡公式(4 - 1)。当入射电子温度较低(几百电子伏)时,入射电子产生的二次电子发射和背散射电子发射平衡了入射电子流,使表面无法充到负电位,对于高二次电子发射系数的表面,有可能带正电位。

　　只有高温电子(几千电子伏或更高)入射到表面时,其穿透表面以下,这时将产生较少的二次电子发射和背散射电子发射,导致表面带负电位。所以,在地磁亚暴的高温等离子体环境中才容易发生表面带负电现象。在麦克斯韦分布的等离子体环境中,表面发射电子与入射电子的比如下式所示:

$$\frac{\int_0^\infty \mathrm{d}E E[\delta(E) + \eta(E)]\exp(-E/kT)}{\int_0^\infty \mathrm{d}E E \exp(-E/kT)} = 1 \tag{4 - 37}$$

式中:E 为电子能量;δ 为材料二次电子发射系数;η 为材料背散射电子发射系数;k 为玻耳兹曼常数;T 为电子温度。式(4 - 37)的解就是临界温度 T_c。

4.4.4 三根跳跃

三根跳跃是指航天器表面充电过程会出现表面电位差的突然增大。图4 - 20 给出了表面电子通量密度 J 和表面电位 Φ 的曲线。表面电位随表面电子通量密度的变化而变化,按照电流平衡公式(4 - 1),使 $J = 0$ 时的 Φ 值就是曲线方程的根。从图4 - 20 看出,曲线与轴线的交点就是曲线方程的根。

当航天器表面带高负电势时,其表面吸引正离子,因此斜率 $\mathrm{d}J/\mathrm{d}\Phi$ 为负;

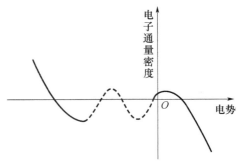

图4 - 20 表面电子通量密度 J 与表面电位 Φ 的变化曲线

当航天器表面带高正电势时,其表面吸引电子,因此斜率 $\mathrm{d}J/\mathrm{d}\Phi$ 还是为负,所以曲线方程只有奇数根。其偶数根不稳定,因为偶树根的曲线斜率是正的,这违背了欧姆定律,没有物理意义。当表面电位随表面电子通量密度发生变化时,表面电位所在的奇数根消失,中间的偶数根同时消失,表面电位 Φ 值会跳跃到相邻的另一个奇数根上,这样就发生了表面电位的突然跃变,这就是三根跳跃。三根跳跃在飞行试验和地面试验中均得到证实。1979 年,高轨道充电实验卫星(SCATHA)在轨运行 114 天时发生了三根跳跃现象,发生时间、数值和方向符号与理论预示基本相符。这是首次在轨道上观测到的三根跳跃现象,在空间环境下验证了三根跳跃理论。

4.4.5 等离子体鞘淹没

等离子体鞘淹没涉及多体带电问题。当一个航天器的表面电位增加时,其表面的等离子体鞘也随之扩展。最终,这个等离子体鞘将淹没邻近带不同电位的另一个物体。一个物体表面发射的电子将被吸引到另一个相对带正电位的物体表面。

4.4.6 尾部带电

如果一艘船在水中穿行或航天器经过中性大气粒子(图4 - 21),那么在物体(船或航天器)后方会产生尾流。从被研究物体的角度来看,中性粒子是向后运动。假定中性粒子的流速为 V_x,其热运动速度为 V_{thermal},则尾流长度可简单地由 V_x 和 V_{thermal} 形成的三角形得到。

关于在航天器尾流中的离子耗散,已在 20 世纪 60 年代早期进行过测量。

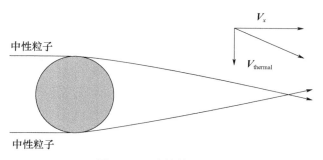

图 4 - 21　中性粒子尾流

近些年来,在大型航天器尾流等离子体中的物体充电,如航天员,已经成为研究热点。Gurevich 等给出了尾流中随方向角变化的电流密度的复杂定性表达式。Rubin 和 Besse 得到了一个在尾流中充电的简单模型(图 4 - 22),该模型是建立在轨道限制朗谬尔探针思想的基础上。在电离层,航天器的轨道速度比周围,环境中离子的运动速度快 3 ~ 4km/s。

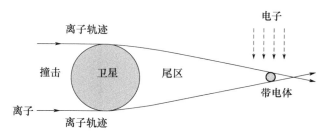

图 4 - 22　卫星尾流(在电离层中的卫星轨道速度
大于离子速度,因此尾流中的离子密度很低)

对于一个在航天器上的观察者而言,离子以速度 V 向后运动。对于一个半径为 R 的航天器,在尾流中的离子运动轨迹会擦过一个半径为 a 的小物体,如果

$$R^2 = a^2 \left(1 - \frac{2e\phi}{mV^2} \right) \qquad (4-38)$$

式中:a 为尾流中卫星的半径;m 为离子质量;e 为离子电荷;ϕ 为物体的电位。可以得到

$$-e\phi = \frac{1}{2} mV^2 \left(\frac{R^2}{a^2} - 1 \right) \qquad (4-39)$$

式中:ϕ 是小物体在能够从尾流椎体边缘吸引离子前所充电达到的电位。假定 $R = 15\text{m}, a = 1\text{m}$,一个能量为 6eV 的氧离子 O^+,在此条件下 Rubin 和 Besse 的计算得到电位为 -1344V,这是一个临界值。如果负电位超过此值,电离层中丰富的离子电流就可以起到中和作用。因此,物体将会充电至几乎精确等于临界值

的电位。

由于航天器比一个典型的物体(如一个漂浮的仪器或一名航天员)大得多,因此航天器会影响这个小物体;相反地,由于这个物体很小,因此它对航天器的影响可以忽略不计。虽然 Rubin 和 Besse 的尾流充电模型中因忽略了在离子层中的撞击而显得不太真实,但仍有一定的指导意义。近期的一些空间观察已经证实了航天器后面等离子体尾流的存在。先进的现代计算机也使得尾流结构以及对尾流中不同位置处物体电位的详细计划成为可能。

最近,Engwall 等发现了另一种卫星尾流。若航天器充电至正电位 $\phi(>0)$,在低速定向的离子流中便会出现这种尾流充电,以至于

$$\phi q_i > \frac{1}{2}MV_i^2 > kT_i \qquad (4-40)$$

式中:M 为一个离子的质量;V_i 为离子速度;q_i 为离子电荷;k 为玻耳兹曼常数;T 为离子温度。通常情况下,在地球同步轨道高度及光照环境下的导电性卫星仅会充电至 $4\sim5\text{V}$ 的正电位。但是,在磁场尾部存在等离子体密度有时非常低的区域,而在这些区域已经检测到航天器被充电至几十伏的正电位。在此环境下,低能离子因受到正电位排斥而无法接近卫星,而且以一定角度被散射。Engwall 等引入了一个词"增强的尾流"来描述这一现象。

作为一个推论,考虑一个非导电卫星在增强的尾流中充电。相对于侧边,尾流侧被充电至负电位,这是由于尾流侧表面电流平衡所需的低能离子被侧边散射而消耗。

4.4.7 过量充电

过量充电是近年来的新发现。它是航天器充电电位高于入射电子能量的一种现象。在轨道上已多次观测到过量充电的现象,这种现象是基于空间等离子体的波动性理论,一般发生在电位平衡状态时。

第5章　航天器表面带电地面模拟试验

　　地面模拟试验是指在地面上将航天器整体或部分放入人工模拟的空间环境中,以检验航天器是否会发生充放电现象。相比于空间飞行试验,地面模拟试验不受发射计划和轨道条件的限制,而且成本要低很多,还可以进行加速试验,参数的测量与控制也更容易方便。因此,对航天器表面带电进行地面模拟试验的研究成为航天事业发展的必然要求。

　　本章将介绍航天器表面带电地面模拟方法、试验设备、静电放电试验方法、典型航天器介质材料充放电效应试验以及不同气压条件下放电特性试验等内容。

5.1　航天器表面带电地面模拟方法

　　从第4章航天器表面充电过程的分析中可以看出,航天器表面充电是个较复杂的过程,表面充电电位与空间环境、航天器结构、尺寸及表面材料的性能有关。因此,在进行航天器表面带电地面模拟研究时,首先必须对航天器表面带电空间环境进行地面模拟。

　　航天器所处的空间静电环境是非常复杂多样的,对航天器表面带电的影响非常大:当航天器穿越大气层时,与大气中各种粒子的摩擦、发动机火焰的电离作用、各种宇宙射线、高能粒子以及地球本身磁场作用下的起电与带电;同步轨道下磁层亚暴引起的航天器表面充放电效应;高空的核爆炸产生的带电与放电;航天器内部的电磁兼容环境与外部的自生电磁环境产生的带电等;同时,航天器又处在超低温、低气压、高真空的极端环境中。

　　航天器表面充放电地面模拟研究的任务是,研究表面充放电机理、充放电效应,为航天器设计提供试验依据和对航天器抗表面充放电设计进行试验评价。下面对航天器表面带电地面模拟方法的各个方面进行介绍。

5.1.1　试验条件的选择

　　表面充电模拟试验是在真空中进行的,试验条件、模拟参数的选择直接影响试验的质量。空间环境是复杂的,除了真空、低温、磁场、太阳辐射外,还有各种带电粒子。充电试验条件中,重要的是带电粒子的能量和密度。而空间带电粒子的能量和密度是随着时间和位置的不同而改变的,在地球同步轨道带电粒子的能量从几千电子伏到几万电子伏,在磁层亚暴时带电粒子的能量更高。

在磁层亚暴环境中,航天器表面可以被充电到高电位。例如,"ATS-5"卫星和"ATS-6"卫星测量到在星食期内卫星表面充电低于-100V的时间约占55%,"ATS-5"卫星获得的最高充电电位为-10kV,"ATS-6"卫星获得的最高充电电位为-20kV。

由于在地面上很难复制空间环境,只能抓住主要矛盾,解决等效问题及效应模拟,因此要求试验条件能够满足以下要求:①使试件表面充电到上千伏的高压;②在表面不等量带电情况下能产生放电。

为了达到上述要求,一般选用电子枪作为电子源,电子能量范围在0~50keV,束流密度在1~10nA/cm²。

为了模拟光电效应,一般用太阳模拟器。因为引起表面材料光电效应的主要是短波紫外光,所以也可以用紫外灯作为光源。

5.1.2　材料样品试验

在空间环境中,航天器的表面时刻受到带电粒子的轰击。由于材料表面的充电电位不仅与空间环境有关,也与材料本身的性质,如光电发射、二次电子发射以及材料的电阻率等有关。由于航天器各部分的表面材料和光照条件等不同,因而相邻表面之间及表面与骨架结构之间会有电位差,当电位差超过材料的临界阈值时,便会产生放电。

材料样品试验的目的是:了解材料对环境的效应、充电和放电特性;为航天器设计选择表面材料和结构形式提供试验依据。

试验的材料样品可以包括金属表面及介质材料等,如防静电薄膜、Kapton、太阳电池阵、金属外壳、各种涂漆表面、Teflon、石英玻璃和多层复合材料等。

5.1.3　测量设备

1. 电子束流的测量

电子束流密度测量通常利用弱电流仪进行显示,用法拉第杯进行探测。为了提高束流测量的准确性,法拉第杯设计要使进入杯子中的电子全部被接收,减少二次电子的发射。因此,要解决外界电磁场的干扰问题,外干扰会使测量值不准,甚至会使测量信号完全被噪声淹没。

2. 放电次数和能量的测量

放电脉冲采用环形天线进行测量。用直径为180mm的环形天线作为放电脉冲接收器,将其安装在样品的斜上方,接收的信号送到数字存储示波器进行显示,以观察放电波形和能量大小,记录放电次数。放电脉冲的宽度有的只有几十纳秒,上升段为几纳秒。

环形天线的安装方位对测量精度影响大,天线接收放电脉冲产生的电磁波是具有方向性的,当天线平面与波的传播方向一致时,收到的信号才会最强。

3. 漏电流的测量

静态漏电流可用微电流表直接测量。对于瞬时脉冲漏电流的测量,采用电磁感应线圈感应耦合法进行测量。可以利用在示波器上装上电流探头来测量,这时要特别注意:一般来说,电流探头的量程较小,而瞬时脉冲漏电流有可能很大,所以在使用电流探头前,要进行大致的估算,必要时可以在电路中串联适当的限流电阻,以保护测量仪器设备。

4. 表面电位的测量

表面电位是表征航天器材料表面带电特性的最重要的参数。航天器材料尤其是介质材料表面电位的测量通常采用非接触式测量方法。现有的非接触式测量方法有直接感应式、旋叶式、变容式、空气电离式等,现有成品仪器各有其优、缺点,但共性的问题是功耗多,体积大,可靠性差,不适合长期使用,并且频率范围不够,有的甚至不到 50Hz,测试变化较快的信号时误差较大,这些方法都不适合在空间环境下测量航天器材料表面电位。为此,本章采用了一种振动电容式静电传感器,该传感器具有准确度高、稳定性好、抗干扰能力强等特点,适合长期使用,并借助当前先进的静电测试技术和信号处理技术,研制了一套空间环境下航天器材料表面电位动态测试系统,实现了对空间环境下航天器材料表面电位进行多探头、准确、实时地测量和研究。图 5 - 1 给出了振动电容式传感器测量原理图。

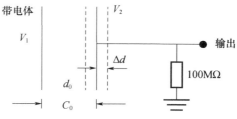

图 5 - 1　振动电容式传感器测量原理图

设被测带电体上表面电位为 V_1,振动电极上感应电位为 V_2,振动电极与被测带电体表面之间构成一个平板电容器,C_0 为振动电极静止时与被测带电体表面形成的电容量,d_0 为振动电极静止时与被测带电体之间的距离,振动电极的振动偏差为 Δd。若振动电极作正弦振动,其振幅为 $\Delta d \sin \omega t$,则振动电极与被测带电体表面之间的距离为

$$d = d_0 + \Delta d \sin \omega t \qquad (5-1)$$

振动电极与被测带电体表面之间的振动电容为

$$C = \frac{\varepsilon S}{d} = \frac{\varepsilon S}{d_0 + \Delta d \sin \omega t} = \frac{\varepsilon S}{d_0 \left(1 + \dfrac{\Delta d}{d_0} \sin \omega t \right)} \qquad (5-2)$$

式中:ε 为介电常数,S 为表面面积。令 $C_0 = \dfrac{\varepsilon S}{d_0}$,$\eta = \dfrac{\Delta d}{d_0}$,则

$$C = \frac{C_0}{1 + \eta \sin \omega t} \qquad (5-3)$$

电容器上的电荷 Q 为

$$Q = C(V_1 - V_2) \qquad (5-4)$$

振动电极上的电位 V_2 为

$$V_2 = R\frac{\mathrm{d}Q}{\mathrm{d}t} = R\frac{\mathrm{d}C}{\mathrm{d}t}(V_1 - V_2) + RC\frac{\mathrm{d}}{\mathrm{d}t}(V_1 - V_2) \qquad (5-5)$$

式中: R 为振动电极对地电阻。由于 V_1 不受振动电极的影响或影响不大,故认为 $\dfrac{\mathrm{d}V_1}{\mathrm{d}t} = 0$,则

$$V_2 = R\frac{-\eta\omega C_0\cos\omega t}{(1 + \eta\sin\omega t)^2}(V_1 - V_2) - RC\frac{\mathrm{d}V_2}{\mathrm{d}t} \qquad (5-6)$$

经简化可得

$$V_2 = -V_1\eta R\omega C_0\cos\omega t \qquad (5-7)$$

整个空间环境下,航天器材料表面电位动态测试系统主要包括计算机、4 路振动电容型静电传感器、信号放大器、A/D 转换器和微处理器等部分。图 5 - 2 给出了振动电容型静电传感器的结构示意图。图 5 - 3 给出了航天器静电电位动态测试系统实体图。

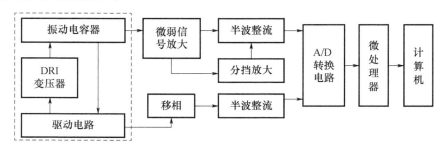

图 5 - 2   振动电容型静电传感器的结构示意图

测试探头主要由驱动电路和振动电容器构成,用于感应静电场。工作时将产生两路信号:一路是振动电容器在 DRI 变压器信号的驱动下开始振动,由平板电容器的振动电极感应并输出微弱电压信号;另一路是由振动电容器产生的反馈信号,该信号送至驱动电路中的一个饱和放大器,产生方波信号,该信号既是驱动电路的正反馈信号,又是带电极性判别的依据。振动电容器输出的微弱电压信号经过放大后输送到 A/D 转换电路,经过微处理器处理后输送至计算机存储和显示,从而实现了对空间环境下航天器材料表面电位的多点测量。

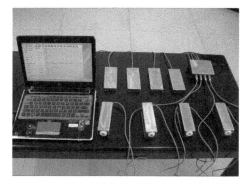

图 5 - 3   航天器静电电位动态测试系统

5.2　航天器表面带电地面模拟试验设备

要进行航天器表面充电电位分布分析及放电损伤的风险评估,必须进行航天器表面材料的充电特性及放电响应的试验,这是一项非常重要的基础性工作。图 5-4 给出了表面带电地面模拟试验设备的结构框图。通常包括提供空间真空环境的真空室、提供电子充电环境的电子枪、测试表面充电电位的电位探测传感器、测量电子束流的法拉第杯、测量放电辐射场的天线及高速摄像系统等。如果需要进行表面光电子发射效应的研究,还应该配置紫外辐照源。

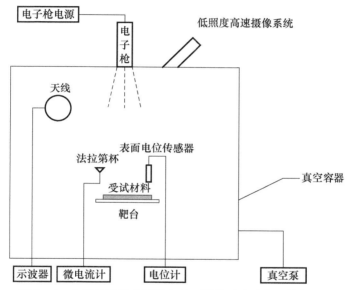

图 5-4　典型航天器表面带电地面模拟试验设备的结构框图

国外对航天器表面的充放电试验非常重视,美国、法国、德国、英国、加拿大、日本等国总共建立了数十台航天器表面带电地面模拟试验设备。

美国 NASA 刘易斯研究中心的表面带电地面模拟试验设备建于 1974 年,容器尺寸 $\phi1.8m \times 1.8m$,试件尺寸可达 $30cm \times 30cm$,用电子枪进行电子辐照,电子能量为 30keV,束流密度为 $0 \sim 5nA/cm^2$,不均匀性不大于 30%。该设备已用于多项材料与部件的试验。

美国 NASA 刘易斯研究中心在原用于电推进试验的 $\phi4.6m \times 19m$ 真空室上改建了两种试验装置。其中,装置 1 建于 20 世纪 70 年代末期,用两台电子枪进行电子辐照,能量 30keV,束流密度 $1 \sim 2nA/cm^2$,不均匀性不大于 30%。两台电子枪安装在模拟室水平轴的上、下两侧,距试件 10m。装置 2 建于 20 世纪 80 年代初期,用四台电子枪模拟电子环境,每天电子枪各对着样品的一角,距试验样品 2m。以上的装置 1 用于研究面积为 232cm² 、1265cm² 和 5058cm² 样品的带电试验,装置 2 曾对 SCATHA 卫星的 2/3 缩比模型进行试验。

美国飞行研究公司(MRC)的带电试验设备建于 1975 年,利用空军武器实验室(AFWL)已有的 φ4m×6m 卧室真空室,用电子枪进行电子辐照,能量为 3 ~ 15keV,束流密度为 0 ~ 10nA/cm²。该设备主要研究分系统级和系统级充放电效应,曾用于 Skynet(天网)卫星鉴定模型的试验。

美国 TRW 公司的地磁亚暴试验设备建于 1978 年,真空容器的尺寸为 φ0.61m×1.2m,试验尺寸为 φ200mm,用电子枪进行电子辐照,能量为 20keV,束流密度为 10 ~ 1000nA/cm²。该设备主要研究部件级充放电效应,曾用于 TDRSS 卫星太阳阵的试验。

美国 JAYCOR 公司的地磁亚暴试验设备建于 20 世纪 70 年代末期,在不同尺寸的真空室上,利用两种能量的电子源研究空间环境产生的放电特性。一台真空室的尺寸为 φ1.3m×1.3m,另一台是空军武器试验室(AFWL)已有的 φ4m×6m 真空室。小模拟室中选用两台电子枪产生电子源,低能电子枪的能量为 1 ~ 100keV,电流密度为 0.77 ~ 13nA/cm²,均匀性为 ±15%;中能电子枪能量为 1 ~ 100keV,电流密度为 0.01 ~ 16nA/cm²,均匀性为 ±7%。大模拟室中用一台电子枪与一台加速器产生电子源,其中,低能电子枪的电子束能量是 6 ~ 25keV,电流密度为 5 ~ 350pA/cm²,加速器的电子束能量为 350 ~ 450keV,电流密度为 1.0 ~ 60pA/cm²。

法国空间研究与技术部(DERTS)的地磁亚暴试验设备建于 1976 年,真空容器的尺寸 φ0.6m×0.8m,用电子枪进行电子辐照,能量为 4 ~ 25keV,束流密度为 10nA/cm²,电子束经 1.2μm 厚的铝箔散射后,辐照 200mm×200mm 的样品,不均匀性不大于 20%。

法国国家空间局(CNES)的带电试验设备建于 1978 年,利用 SIMLES 空间模拟设备,真空容器的尺寸为 φ7m×8.9m,用电子枪进行电子辐照,经厚度为 2μm 的铝箔散射后在试件上得到的能量为 30keV,束流密度为 1nA/cm²,不均匀性不大于 30%。该设备主要研究分系统级和系统级的充放电效应,曾用于欧洲气象卫星工程模型的试验。

德国航空航天研究院(DFVLR)地磁亚暴试验设备建于 1976 年,真空容器的尺寸为 φ2.5m×5m(利用已有的空间模拟器),用电子枪进行电子辐照,电子源能量为 0 ~ 60keV(可调),常用为 15 ~ 25keV,在 1m² 试验平面内束流密度为 1 ~ 100nA/cm²,不均匀性不大于 30%。为了对大尺寸进行试验,采用了铝箔散射,试验尺寸为 12cm×26cm 和 70cm×70cm。该设备主要研究组件级的充放电效应,曾用于 CTS 卫星太阳阵试验。

日本九州理工大学地磁亚暴试验设备,真空室长 1.2m,直径为 1m;副室长为 0.4m,直径为 0.4m,通过阀门与真空室相连。电子枪产生 0 ~ 30keV 能量的电子束,2.5keV 能量时束流密度为 $30\mu A/m^2$,15keV 能量时束流密度为 $3mA/m^2$。

　　综上可知,国外这类设备通常采用一把或多把单能电子枪,能量一般在 0～30keV 可调,辐照面束流密度一般在 nA/cm^2 量级,每把电子枪的辐照面直径均不超过 $1m^2$。对于更大尺寸试件,则采用金属箔散射法或多把电子枪叠加辐照的方法。

　　我国在空间环境效应方面已开展了 40 余年的工作,取得了一批研究成果,在环境效应地面模拟与评价技术方面已具备了一定的基础。航天科技集团公司第五研究院 510 所、511 所、中国科学院空间科学与应用研究中心、哈尔滨工业大学、西安交通大学等单位都建立了航天器表面带电地面模拟设备,图 5－5 为航天科技集团公司第五研究院 510 所建立的设备。应该看到的是,尽管我国对空间综合环境模拟

图 5－5　航天器表面带电地面模拟
试验设备(510 所)

试验技术的研究有了长足的进步,但由于起步较晚,投入不够,远远不能满足我国空间技术发展的需要,许多研究项目离工程化应用水平还有一定距离。

5.3　航天器表面充放电试验方法

　　轨道带电粒子环境为多能谱分布,对航天器表面带电有作用的带电粒子能量范围为 1～100keV。通常,表面充放电试验采用单能电子枪产生电子束,电子枪能量为 0～20keV 可调或 0～30keV 可调,电子束流密度为几纳安到几十纳安,充电时间为 20～30min。试验过程中主要测量表面充电电位、充电时间、放电强度、放电能谱、放电率、放电时间等,试验结束后,检查样品的损伤情况。

　　表面带电试验的程序一般为:①将试验样品安装在试验平台上,样品的被试表面垂直于电子束的入射方向;②容器抽真空到轨道要求后,启动电子枪;③按照试验方案选定的电子束流密度及能量进行试验。在每一个电子束流密度下,逐步增加电子加速电压,直至试验方案规定的最高加速电压为止;在规定设定的每个加速电压下,试验 20min,观察放电现象,记录放电次数、放电强度、放电频谱等参数。安装高速摄像或照相装置的试验设备,可以拍摄放电现象的照片。

　　电子束流密度的标定一般采用法拉第杯及弱电流计测量。样品表面电位的检测最好采用非接触式电位计测量,以避免对表面电荷积累影响而带来的测量误差。天线、示波器、计数器及频谱计用来测量放电次数、放电强度、放电频谱等

参数。

　　为了更好地模拟轨道环境中的带电条件,国外也有采用几支能量不同的电子枪同时进行的试验,一般近似模拟轨道的多能谱带电粒子环境。其基本原理是,将不同电流密度的等离子体划分成一些能带,然后计算每个能带的束流能量和电流密度,通过组合能基本再现航天器空间表面带电的环境。考虑到经济性和可行性,在满足试验需要的前提下,应选择尽可能少的电子枪。美国宇航研究所 N. John Stevens 等人采用双电子枪组合模拟空间带电粒子的多能谱分布,组合方式是 12.5keV 和 32.5keV、12.5keV 和 57.5keV、12.5keV 和 67.5keV 三种,电流密度由各自能量的麦克斯韦分布计算而得。试验表明 12.5keV 和 32.5keV 组合模拟的效果最接近空间的带电情况。试验同时表明,电子束流密度决定了航天器表面的充电速率。

5.4　静电放电试验

　　将航天器暴露在模拟空间等离子体环境中,是最可信的考核航天器系统表面充放电性能的地面试验方法,国外曾采用这种技术进行过航天器大部件及整星的表面充放电试验。但是,在地面很难重复航天器在轨道上充放电的空间环境,而且试验费用很高,技术难度很大,所以这不是最切合实际的方法。国外通过对各种充放电试验验证方法的评价,认为最实际的航天器系统级表面带电试验验证方法是采用静电放电技术,进行整星放电不敏感性试验(GDI)。

　　GDI 试验的优点在于它是一个真实的系统试验,它可以在接近危险水平的条件下,模拟放电产生的许多电磁效应和位移电流效应。GDI 试验是用于验证航天器抗带电及其充放电效应的推荐试验技术。GDI 试验是在航天器选定位置上进行一系列电流注入,以监测这些注入的瞬态脉冲信号对关键系统功能的影响,同时验证其安全余量。选择的注入位置、耦合方式和注入脉冲数应基于对航天器在轨道上实际放电情况的分析。

　　试验装置由高压脉冲电源、电流注入耦合器、测试设备及航天器地面设备等组成。试验必须在远离导体边界的开放区域进行,航天器应放置在一个试验平台上,平台的最小高度应与航天器的主体中心的尺寸相当。航天器必须处于在轨状态,其对地电容应不大于其到无穷远电容的两倍。试验过程中,航天器应由其内部供电,航天器与地面设备间应良好绝缘。航天器与地面设备间的遥测信号应该通过无线通信信号传输,航天器表面电磁场传感器和关键测点的电流传感器输出应通过光纤或等效的绝缘数据线传输。

　　脉冲注入分直接注入和电容放电注入两种,实际试验中两种方法往往交替使用或混合使用,并通过改变注入脉冲的参数及注入位置,更好地满足试验的需要。直接注入通常适合模拟因表面大面积电子吹离而导致的数百安培、毫秒宽度脉冲的表面放电电流。直接注入试验装置如图 5 - 6 所示。

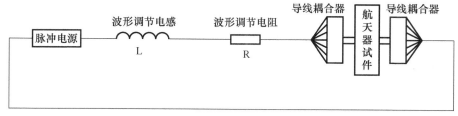

图 5 - 6　直接注入试验装置

在模拟系统共振或电场激励耦合模式的表面放电时,适宜采用电容放电注入方式。电容注入试验装置如图 5 - 7 所示。

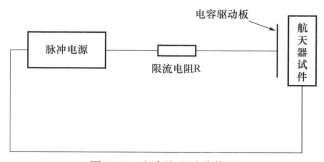

图 5 - 7　电容注入试验装置

5.5　航天器材料表面充放电试验

本章利用航天器表面带电地面模拟试验设备开展了典型航天器材料表面充放电效应试验,获取了航天器材料表面带电规律。

航天器表面带电地面模拟试验设备的工作参数为:

真空室的容积为 $\phi900mm \times 1600mm$,真空度为 $8.0 \times 10^{-4}Pa$,电子能量范围为 $0 \sim 50keV$,电子束流密度范围为 $0 \sim 10nA/cm^2$,表面电位计的测试范围为 $0 \sim \pm20kV$,微电流计的小电流测试范围为 $10^{-14} \sim 10^{-6}A$。

5.5.1　航天器防静电薄膜表面带电特性试验

本章采用航天器上两种常用的防静电薄膜:防静电聚酰亚胺镀铝二次表面镜(ITO/Kapton/Al 薄膜)和防静电聚酰亚胺镀锗膜(Ge/Kapton 薄膜)为试验对象,采用图 5 - 4 试验装置研究了上述两种薄膜材料在接地/不接地情况下的带电情况。

表 5 - 1 ~ 表 5 - 4 给出了接地和不接地时,不同电子能量(10keV、15keV 和

20keV)和束流密度(0.5nA/cm^2、1nA/cm^{2}和2nA/cm^2)辐照下两种试验材料上表面充电电位的试验结果。

表 5 - 1   ITO/Kapton/Al 薄膜充电试验结果(不接地)

充电特性参数			表面充电电位/V
测试温度/℃	电子束流密度 /(nA · cm^{-2})	电子能量 /kV	
20	0.5	10	−2000
20	1.0	10	−2800
20	2.0	10	−3700
20	0.5	15	−2300
20	1.0	15	−3400
20	2.0	15	−4400
20	0.5	20	−2800
20	1.0	20	−3800
20	2.0	20	−5000

表 5 - 2   ITO/Kapton/Al 薄膜充电试验结果(接地)

充电特性参数			表面充电电位/V
测试温度/℃	电子束流密度 /(nA · cm^{-2})	电子能量 /kV	
20	0.5	10	−46
20	1.0	10	−59
20	2.0	10	−72
20	0.5	15	−50
20	1.0	15	−63
20	2.0	15	−77
20	0.5	20	−55
20	1.0	20	−69
20	2.0	20	−86

表 5 - 3　Ge/Kapton 薄膜充电试验结果(不接地)

充电特性参数			表面充电电位/V
测试温度/℃	电子束流密度 /(nA·cm^{-2})	电子能量 /kV	
20	0.5	10	-2300
20	1.0	10	-3100
20	2.0	10	-3800
20	0.5	15	-3200
20	1.0	15	-3800
20	2.0	15	-4700
20	0.5	20	-3800
20	1.0	20	-4400
20	2.0	20	-5600

表 5 - 4　Ge/Kapton 薄膜充电试验结果(接地)

充电特性参数			表面充电电位/V
测试温度/℃	电子束流密度 /(nA·cm^{-2})	电子能量 /kV	
20	0.5	10	-58
20	1.0	10	-67
20	2.0	10	-79
20	0.5	15	-62
20	1.0	15	-81
20	2.0	15	-93
20	0.5	20	-66
20	1.0	20	-85
20	2.0	20	-96

　　根据表 5 - 1～表 5 - 4 中的试验结果,得到不接地和接地时不同电子能量辐照下、不同试验材料表面电位随束流密度的变化情况,如图 5 - 8 和图 5 - 9 所示。

由图 5 - 8 可知,在不接地情况下,当电子能量一定时,防静电薄膜表面的电位随着束流密度的增大而升高,最高可达数千伏;当束流密度一定时,表面电位也随着电子能量的增大而升高。当航天器材料表面的电位超过击穿阈值时,就会发生静电放电现象,进而引起航天器电子系统故障和材料的损伤。

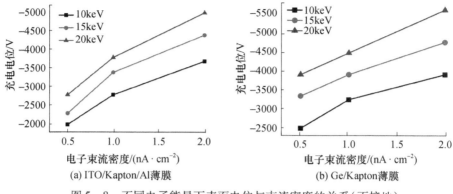

(a) ITO/Kapton/Al薄膜   (b) Ge/Kapton薄膜

图 5 - 8   不同电子能量下表面电位与束流密度的关系(不接地)

由图 5 - 9 可知,在接地情况下,虽然防静电薄膜表面的电位也随着束流密度和辐照电子能量的增大呈增大趋势,但是表面电位的增大幅度远远小于未接地时表面电位的增大幅度,并且在相同的试验条件下,防静电薄膜的表面充电电位都小于 - 100V,从而降低了静电放电发生的可能性。因此,对航天器表面各部分进行合理地接地处理是航天器表面带电防护技术中非常重要有效的一个措施。

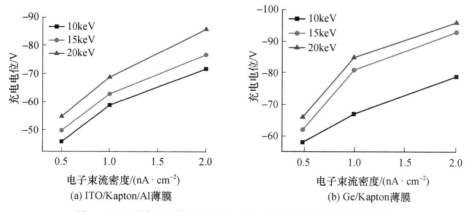

(a) ITO/Kapton/Al薄膜   (b) Ge/Kapton薄膜

图 5 - 9   不同电子能量下表面电位与束流密度的关系(接地)

5.5.2   航天器典型介质材料表面带电试验

空间带电粒子与航天器表面相互作用,并沉积在航天器表面材料上,可产生静电电位,当不同部位的电位差超过击穿阈值时,就会发生放电事件,此放电会在地线回路中产生放电电流信号,通过检测放电电流信号可知放电的发生情况。针对航天器常用典型表面材料的静电放电效应,利用图 5-6 所示的空间材料表面带电地面模拟装置,开展了不同面积(20mm×20mm、40mm×40mm、50mm×50mm、60mm×60mm、80mm×80mm、100mm×100mm、140mm×140mm 和 150mm×150mm)、不同厚度(50μm 和 125μm)Kapton 的电子辐照放电试验,研究了放电脉冲宽度、放电电流峰值和击穿阈值电压与材料面积和厚度的关系,为航天器表面充放电规律的研究及防护技术的研究奠定了基础。

图 5-10 为样品实物图,图 5-11 为样品表面静电放电试验结构示意图。试验过程中,空间静电放电产生的放电脉冲幅值较大,最大幅值可达 20A,购买的 CT-2 探头测量范围不能满足要求。本试验设计了取样电阻的方法采集放电信号:首先在放电回路中串联 1Ω 和 0.3Ω 的电阻,然后通过脉冲电压探头测量取样电阻上的瞬时信号,通过试验发现,该方法可以很好地测量放电信号,且可测量较大幅值的放电脉冲,满足试验要求。

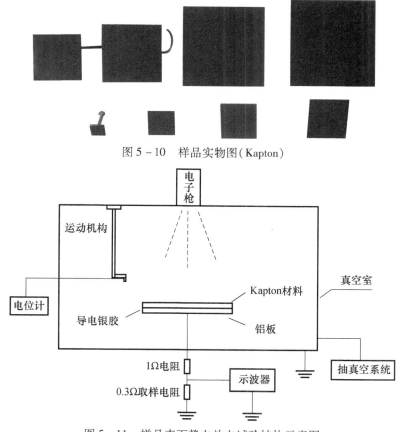

图 5-10　样品实物图(Kapton)

图 5-11　样品表面静电放电试验结构示意图

试验时,辐照电子能量为25keV,束流密度为 2.5nA/cm²。电子辐照 30min后,材料表面充电将达到平衡状态,此时令电子枪待机,使用 TREK341B 非接触式表面电位计距离材料表面 6cm 处对材料表面进行扫描,测量材料表面的电位,扫描时间不超过 5min,以减小漏电作用对测量结果的影响。试验过程中材料表面的电位测量点如图 5 – 12 所示。

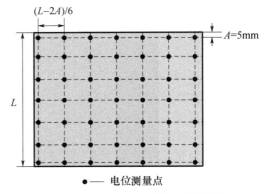

图 5 – 12　Kapton 材料的电位测量

1. 材料面积对材料充电特性的影响

表 5 – 5 给出了不同面积正方形 Kapton 材料表面电位的分布情况。Kapton 材料样品面积同充电平衡时的最高充电电位关系曲线如图 5 – 13 所示。

表 5 – 5　不同面积正方形 Kapton 材料最高充电电位(厚度为 125μm)

Kapton 材料面积 /(cm⁻²)	4	16	25	36	64	100	196	225
最高充电电位/V	– 1733	– 5444	– 6464	– 6949	– 10689	– 12993	– 14361	– 15057

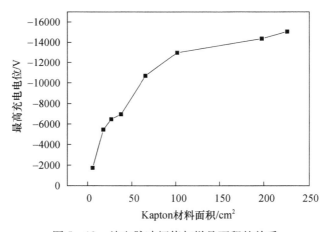

图 5 – 13　放电脉冲幅值与样品面积的关系

由图 5 – 13 可知,随着 Kapton 材料面积的增大,最高充电电位也相应地增大。

通过研究发现,充电平衡时 Kapton 材料的表面电位分布不均匀。以 60mm × 60mm(36cm²)、100mm × 100mm(100cm²)和 150mm × 150mm(225cm²)正方形 Kapton 材料为例,表 5 – 6 ~ 表 5 – 8 分别给出了不同面积 Kapton 样品表面电位

的分布情况。

表 5 – 6　36cm² 正方形 Kapton 材料表面电位分布(厚度为 125μm)

坐标/mm	充电平衡电位/V						
	− 25	− 36	− 18	0	18	36	55
− 55	− 5573	− 5942	− 6287	− 6337	− 6277	− 5912	− 5570
− 36	− 5958	− 6409	− 6732	− 6705	− 6722	− 6403	− 5952
− 18	− 6036	− 6556	− 6858	− 6899	− 6885	− 6586	− 6030
0	− 6143	− 6626	− 6896	− 6950	− 6894	− 6629	− 6146
18	− 6033	− 6576	− 6855	− 6897	− 6895	− 6590	− 6025
36	− 5962	− 6413	− 6726	− 6715	− 6723	− 6407	− 5959
55	− 5576	− 5915	− 6279	− 6337	− 6287	− 5922	− 5580

表 5 – 7　100cm² 正方形 Kapton 材料表面电位分布(厚度为 125μm)

坐标/mm	充电平衡电位/V						
	− 45	− 30	− 15	0	15	30	45
− 45	− 7450	− 8312	− 9436	− 9863	− 9852	− 8871	− 8259
− 30	− 8539	− 9795	− 11106	− 11676	− 11591	− 10473	− 9559
− 15	− 9194	− 10707	− 12121	− 12748	− 12640	− 11425	− 10021
0	− 9348	− 10941	− 12355	− 12993	− 12839	− 11625	− 10409
15	− 8961	− 10479	− 11779	− 12389	− 12212	− 11055	− 9867
30	− 8037	− 9322	− 10422	− 10952	− 10764	− 9766	− 8716
45	− 7080	− 8128	− 8921	− 9383	− 8972	− 8396	− 7125

表 5 – 8　225cm² 正方形 Kapton 材料表面电位分布(厚度为 125μm)

坐标/ mm	充电平衡电位/V						
	− 70	− 47	− 23	0	23	47	70
− 70	− 7544	− 9388	− 10464	− 10353	− 10444	− 9384	− 7548
− 47	− 9616	− 12098	− 13346	− 13312	− 13380	− 12098	− 9618
− 23	− 10633	− 13468	− 14877	− 14823	− 14857	− 13466	− 10627
0	− 10751	− 13670	− 15029	− 15062	− 15039	− 13660	− 10701
23	− 9977	− 12867	− 14109	− 14507	− 14139	− 12857	− 9965
47	− 9403	− 11957	− 11123	− 11137	− 11133	− 11967	− 9413
70	− 6929	− 8862	− 9614	− 9802	− 9634	− 9865	− 6979

根据表 5 – 6、表 5 – 7 和表 5 – 8 所列数据,得到不同面积正方形 Kapton 材料表面电位的分布三维图,分别如图 5 – 14、图 5 – 15 和图 5 – 16 所示。

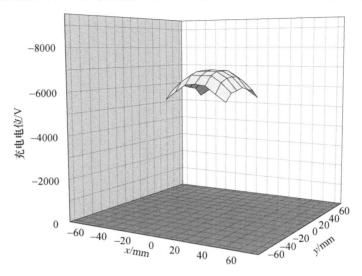

图 5 – 14   36cm² Kapton 材料表面电位分布图

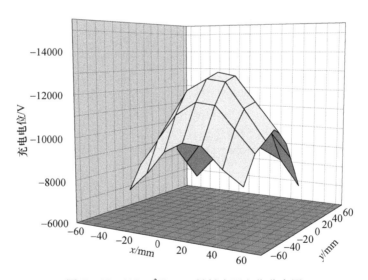

图 5 – 15   100cm² Kapton 材料表面电位分布图

由图 5 – 14、图 5 – 15 和图 5 – 16 可知,正方形 Kapton 样品表面呈现不等量带电特点,中心位置处的充电平衡电位达到最高值,越靠近材料边缘,其充电电位越低,电位梯度越高,在材料角处电位梯度达到最高值。同时,经比较发现,随着材料面积的增大,其电位梯度最高值也相应地增大。

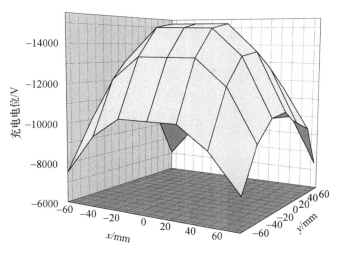

图 5 - 16　225cm^2 Kapton 材料表面电位分布图

2. 材料面积对材料放电特性的影响

由于航天器材料表面放电严重危害其在轨安全运行,目前国内外对材料在空间环境下的表面放电现象开展了大量的实验研究。由于面积对材料放电电流、放电时间、放电电荷损失量和能量损失量的影响很大,而这些放电特性因素又是航天器电子电路设计和表面带电防护时需要考虑的。因此,国外对航天器表面 Teflon、Kapton 和聚酯薄膜等材料进行了不同面积材料地面模拟放电实验,并得出了一些面积同表面放电特性之间的关系结论。本节将借鉴国外试验方法,开展不同面积 Kapton 材料的地面模拟放电实验。

(1)面积对材料放电波形的影响。这里利用图 5 - 4 所示的试验装置研究了不同面积介质材料表面的放电波形。以图 5 - 10 所示的正方形 Kapton 材料为例,图 5 - 17 为小面积材料(小于 36cm^2,样品大小分别为 20mm × 20mm、40mm × 40mm、50mm × 50mm、60mm × 60mm)的典型放电波形,图 5 - 18 为较大面积材料(大于 64cm^2,样品大小分别为 80mm × 80mm、100mm × 100mm、140mm × 140mm、150mm × 150mm)放电过程中出现的三种典型放电波形。

由图 5 - 17 所示波形可得,小面积 Kapton 材料的放电脉冲宽度较窄,且有一个明显的负向峰值。

由图 5 - 18(b)看出,大面积材料放电诱发的瞬态脉冲波形会出现两个波

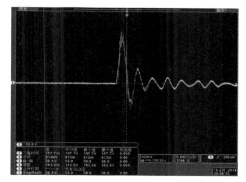

图 5 - 17　小面积 Kapton 材料
典型放电波形

峰,而且由更多的实验数据对比发现,材料的面积越大,则呈现更明显的双峰波形,在 150mm × 150mm 的 Kapton 样品中甚至出现了三个波峰的波形。结果表明:面积大的材料存在多次放电情况,初次放电只能将材料表面部分区域的电荷泄放出去,初次放电后造成的局部电荷损失在放电点附近产生了超过放电阈值的电势差,从而诱发了第二次放电,两次放电的波形叠加在一起就形成了图 5 - 18(b)所示的双峰波形。面积越大的材料,上述效应就更明显,所以更容易出现双峰甚至三个波峰的波形。

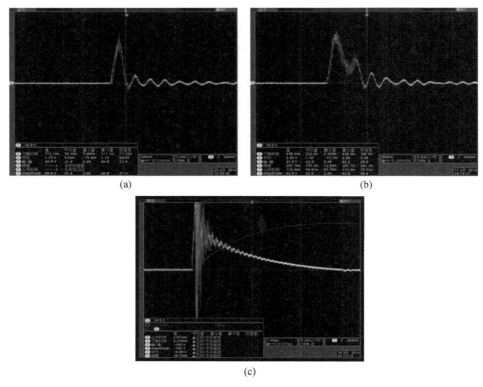

图 5 - 18   大面积 Kapton 材料典型放电波形

图 5 - 18(c)所示的为 150mm × 150mm Kapton 材料样品放电波形,图 5 - 18(c)显示材料放电电流在 0.2μs 时间内上升到 166A,之后放电电流开始缓慢下降,这可能是由于我们在金属板和地之间加了电阻,在放电结束后 RC 效应的结果。注意到图 5 - 18(c)所示波形在电流下降过程中出现了振荡频率很大的波形,这和材料介质击穿放电波形相似,可能是由于初次放电在放电区域诱发了介质击穿造成的。图 5 - 18(c)所示的放电波形的放出电荷量和能量都很大,由波形计算得出放出电荷量为 233.3μC,如果该放电出现在轨运行的航天器中,则可能引起严重的电子线路故障。英国原子能局的 Derek Verdin 等人在对 51μm 厚的 Kapton 材料进行放电实验时也观察到了图 5 - 18(c)所示的放电波形,在产生该

放电的同时,他们在材料附近的天线接
收到了如图 5 - 19 所示很强的 RF 干扰
信号。因此该放电还可对航天器上的无
线通信产生严重的影响。

（2）面积对材料放电特性的影响。项
目组利用图 5 - 10 所示的正方形 Kapton 材
料,得到了放电电流峰值、放电持续时
间、放电电荷损失量、放电能量损失量、
放电频率与材料面积的关系,试验数据
如表 5 - 9 所列。

图 5 - 19　Derek Verdin 等人研究中
得到的 RF 干扰信号

表 5 - 9　125μm 厚 Kapton 材料放电实验数据

材料面积 S/cm^2	放电电流峰值 I_m/A	放电持续时间 T_m/ns	电荷损失量 $Q_m/\mu\text{C}$	放电频率 $f/(\text{次/h})$
4	60	200	2.4	1.3
16	100	250	7.2	1.4
25	112	260	8.2	1.4
36	120	280	10.4	1.5
64	133	2600	81	2.1
100	143	3000	100.4	2.9
196	162	5300	202.9	4.7
225	166	6000	233.3	5.5

根据表 5 - 9 所给出的数据,得到了放电电流峰值 I_m、放电持续时间 T_m、放
电电荷损失量 Q_m、放电频率 f 与材料面积的关系曲线,分别如图 5 - 20 ～ 图 5 - 23
所示。

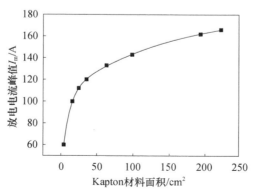

图 5 - 20　Kapton 材料面积与放电电流峰值的关系曲线

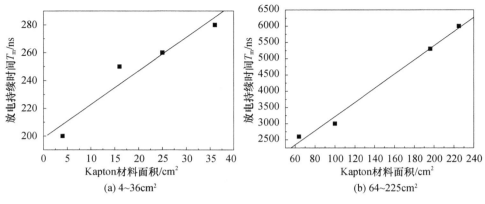

(a) 4~36cm²　　　　　　　　　　(b) 64~225cm²

图 5-21　Kapton 材料面积与放电持续时间的关系曲线

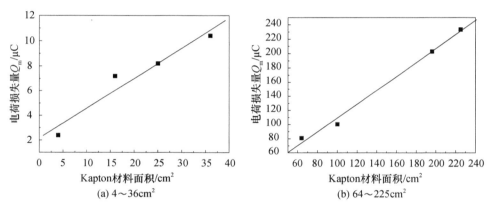

(a) 4~36cm²　　　　　　　　　　(b) 64~225cm²

图 5-22　Kapton 材料面积与放电电荷损失量的关系曲线

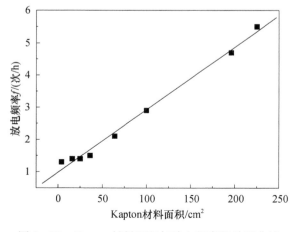

图 5-23　Kapton 材料面积与放电频率的关系曲线

由图 5-20 可得,随着 Kapton 材料面积的增大,其放电电流峰值也随之升高,而且其斜率随着面积的增大而降低。图 5-20 中的曲线为拟合曲线,拟合关系如下:

$$I_{m} = 33.202 + 72.098 \times (1 - e^{-\frac{S}{9.506}}) + 77.646 \times (1 - e^{-\frac{S}{148.727}}) \quad (5-8)$$

式中:I_{m} 为放电脉冲电流峰值(A);S 为 Kapton 材料面积(cm^2)。

在加拿大 Balmain 的研究中,虽然根据实验数据得出聚酯薄膜材料的面积与放电电流峰值之间的线性拟合关系,但是由其发表论文中的数据曲线可知,其小面积材料放电电流峰值和材料面积数据点明显不成线性关系。而且在其 Kapton 材料的研究中,小面积 Kapton 材料的面积与电流峰值关系数据点的离散状况比较严重(图 5-24)。可见,对于小面积的航天器表面绝缘材料,其放电电流峰值与材料面积并不成线性关系,图 5-20 所示的曲线能够真实地反映小面积材料的面积与放电电流峰值的关系。

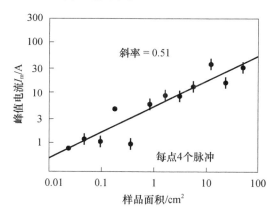

图 5-24 国外得出的 Kapton 材料面积与放电电流峰值关系曲线

结合 Paul R Aron 等人对大于 $232cm^2$ 的 Teflon 材料的研究,电流峰值与材料面积成 I_{m}—$S^{0.4}$ 关系,其关系曲线随着面积的增大,其斜率应不断地减小,而从式(5-8)可看出,曲线斜率也随着材料面积的增大而减小。综合以上考虑,式(5-8)中提出的关系能够实际反映 Kapton 材料放电电流峰值与材料面积的关系。Paul R Aron 等人之所以在其文章中提出大多数放电电流峰值好像与面积几乎没有关系,可能是由于大面积材料对应的曲线斜率很小,在实验误差的作用下,观察不到相应的面积与放电电流峰值的比例关系。

由图 5-21 可得,随着材料面积的增大,其对应的放电持续时间越长。根据加拿大 Balmain 提出的放电传播理论,这可能是由于在放电传播速度一定的情况下,材料面积越大,则内部电荷需要经过更长路径的电荷迁移才能到达放电点,所以放电持续时间更长。由于在大面积材料的放电诱发的瞬态脉冲波形中,存在如图 5-18(c)所示的持续时间长的波形,在这里将小面积材料和大面积材料的放电时间随材料面积的变化曲线分别进行处理。由图 5 – 21(a) 所示拟合曲线得出 4cm²、16cm²、25cm² 和 36cm² 材料面积与放电持续时间的关系式：

$$T_m = 198.684 + 2.411S \qquad (5-9)$$

由图 5 – 21(b)所示的拟合曲线得出 64cm²、100cm²、196cm² 和 225cm² 材料面积与放电持续时间的关系式：

$$T_m = 1034.133 + 21.818S \qquad (5-10)$$

式中：T_m 为放电持续时间(ns)；S 为 Kapton 材料的面积(cm²)。

Balmain 等人使用式 $T_m = \dfrac{1}{I_m} \int I \mathrm{d}t$ 对实验中产生的波形进行计算，来得出放电脉冲持续时间的数据点，其通过上述方式得到 Kapton 材料面积与放电脉冲时间关系曲线的斜率为 0.59。本次研究认为：放电脉冲的宽度更能真实地反映材料的放电持续时间，将脉冲宽度与材料面积的关系作图 5 – 21(a)、(b)所示的曲线，并拟合得出曲线的斜率为 2.411 和 21.818。

由图 5 – 22 可得，随着材料面积的增大，其放电时的电荷损失量也越大。由第一部分中对材料面积和充电特性关系的研究可知，面积越大的材料，内部储存更多的电荷，当发生放电时，材料表面的电荷损失量也就越大。同样，由于大面积材料和小面积材料的放电脉冲波形不同，因而由式 $Q_m = \int I \mathrm{d}t$ 计算得出的放电电荷损失量有较大差异，这里将对小面积材料和大面积材料电荷损失量数据分别进行处理。由图 5 – 22(a)所示的拟合曲线得出 4cm²、16cm²、25cm² 和 36cm² 材料面积与放电电荷损失量的关系式：

$$Q_m = 2.172 + 0.241S \qquad (5-11)$$

由图 5 – 22(b)所示的拟合曲线得出 64cm²、100cm²、196cm² 和 225cm² 材料面积与放电电荷损失量的关系式：

$$Q_m = 11.643 + 0.976S \qquad (5-12)$$

式中：Q_m 为放电电荷损失量(μC)；S 为 Kapton 材料的面积(cm²)。

Balmain 等人得出的 Kapton 材料面积与放电电荷损失量的曲线斜率为 1，从他们所作曲线的数据点可知，在曲线的小面积部分的数据偏差比较大，其曲线只能真实地反映大面积 Kapton 材料放电电荷损失量与面积的关系。这里得出的大面积材料放电电荷损失量与材料面积的关系曲线的斜率为 0.976，同 Balmain 等人的研究中得出的斜率基本一致。

由于表面材料的放电频率对航天器的正常工作产生很大的影响，这里也对 Kapton 材料的放电频率与材料面积的关系进行研究。由图 5 – 23 可知，随着 Kapton 材料面积的增大，其放电频率也相应地升高，材料面积和放电频率之间成线性关系。关于这方面的解释，面积越大的材料，能够满足放电条件的内部奇

异点更多,造成其更容易发生放电。由图 5 - 23 所示的拟合曲线得出放电频率
与材料面积的关系:

$$f = 0.984 + 0.019S \qquad (5-13)$$

式中:f 为放电频率(次/h);S 为 Kapton 材料的面积(cm^2)。

综上所述,随着正方形 Kapton 材料面积的增大,其放电电流峰值、放电持续
时间、放电时材料表面电荷损失量和放电频率都相应升高。基于航天器带电防
护方面的考虑,在航天器上应用时应当尽量选取小面积的 Kapton 材料。

5.6　低气压条件下静电放电特性试验

与地面大气环境相比,大气层空间环境的一个重要特征就是气压随高度升
高而下降。随着环境气压的改变,物质材料的性能特点很可能会随之发生一定
的变化,这些变化的发生很可能影响其上静电放电的发生。因此,为了确保我国
航天器高可靠、长寿命的生存能力,深入研究不同气压条件下材料的静电放电问
题迫在眉睫。电晕放电是航天器材料常见的放电形式之一,一般发生在极不均
匀的电场中,具有电位高、电流小等特点。本节以铜质尖端和平板电极为例,对
其在不同气压条件下的放电规律进行了研究。

5.6.1　不同气压条件下尖 - 板电晕放电试验

1. 试验装置

电晕放电是空气被局部电离的一种放
电形式,一般发生在极不均匀的电场中,具
有电位高、电流小的特点,这里以尖端和平
板电极结构为例,其不均匀电场如图 5 - 25
所示。

本节构建了不同气压条件下尖 - 板电
晕放电试验系统。该系统可以提供不同
的气压环境,可以实现对尖 - 板电晕放电
的放电阈值、脉冲电流、放电波形进行测
量。整个系统的结构示意图如图 5 - 26
所示。

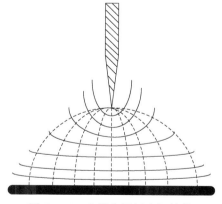

图 5 - 25　尖端和平板电极结构
(虚线为场线,实线为等位线)

低气压环境在真空罐中实现,真空罐内直径为 0.6m,高为 0.6m,由一台抽
速为 30 立升/分钟的机械泵、一台抽速为 1200L/min 的溅射离子泵联合实现真
空的获得,罐内真空度由真空计进行实时地监测。试验过程中,通过观察窗可以
随时观测尖 - 板电晕放电的情况。不同气压条件下获得系统的结构示意图如
图 5 - 27 所示。

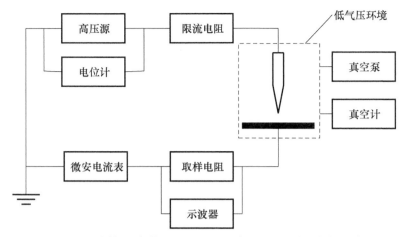

图 5-26 不同气压条件下尖-板电晕放电试验系统的结构示意图

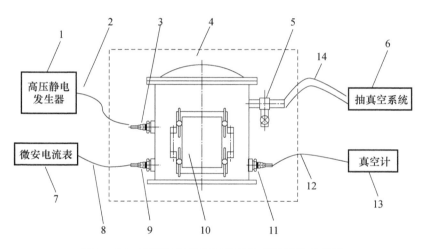

图 5-27 不同气压条件下获得的系统结构示意图

1—正负高压静电发生器;2,8—耐高压电缆;3,9—航空插头;4—真空罐系统;
5—进出气阀门;6—抽真空系统;7—微安电流表;10—观察窗口;11—规管;
12—规管导线;13—真空计;14—真空管。

高压静电发生器、动态电位测试仪实物图及不同气压条件下获得的系统实物图如图 5-26 所示。

2. 试验过程

进行尖-板电晕放电试验前,先将设备及尖-板电极连接好;利用电位计对高压静电发生器的输出电位进行监测,在电晕放电发生时可测得放电阈值;限流电阻取为 $1M\Omega$,以防止试验过程中出现大电流损坏仪器设备;铜质尖-板间隙取为 $10mm$;取样电阻取为 100Ω,利用示波器监测电阻两端的电压,采集放电波

(a) 高压静电发生器

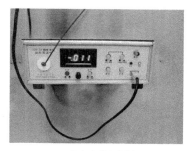

(b) 动态电位测试仪

(c) 不同气压条件下获得的系统实物图

(d) 不同气压条件下放电试验总体实物图

图 5-28　试验设备实物图

形;利用微安电流表测量放电平均电流值。

步骤一:先在 1 个大气压条件下进行试验,在尖端导体的一端加负高压,即进行负电晕试验,慢慢升高高压静电发生器的输出电压,直到示波器上监测到取样电阻两端的电位。同时,微安电流表上监测到电路回路中出现电流,读取取样电阻两端的电位差,采集波形,记录微安电流表的读数。

步骤二:继续提高静电发生器的输出电压,以 0.5kV 为步进电压进行试验,重复上述过程。考虑到试验仪器设备参数等各种原因,为了避免出现火花而击穿损坏仪器,输出电压最大加至 10kV。

步骤三:对尖端导体的一端加正高压,进行正电晕试验,重复步骤一、二。

步骤四:对真空罐进行抽真空处理,通过真空计监测真空罐中的气压,以获得试验所需的气压环境,重复步骤一、二、三,得到试验数据。

3. 试验结果

表 5-10～表 5-13 分别给出了正负极性、不同气压条件下放电电压与电路电流平均值和放电脉冲峰值的关系。图 5-29 和图 5-30 分别给出了正、负极性下典型放电电流脉冲波形图。

表 5 – 10　不同气压条件下放电电压与电路电流平均值的关系(负极性)

5.0 × 10³ Pa		1.0 × 10⁴ Pa		4.2 × 10⁴ Pa		1.0 × 10⁵ Pa	
U/kV	$I/\mu\text{A}$	U/kV	$I/\mu\text{A}$	U/kV	$I/\mu\text{A}$	U/kV	$I/\mu\text{A}$
−4.8	−0.1	−6.0	−0.1	−6.1	−0.1	−6.3	−0.1
−5.0	−0.4	−6.3	−9.3	−6.4	−5.2	−6.6	−1.3
−5.3	−1.2	−6.6	−11.3	−6.7	−8.5	−7.0	−3.9
−6.0	−11.6	−6.9	−13.0	−7.0	−11.7	−7.5	−5.9
−6.5	−14.7	−7.2	−14.7	−7.3	−13.6	−7.8	−7.2
−7.0	−17.0	−7.5	−16.2	−7.6	−15.2	−8.2	−8.8
−7.3	−18.0	−7.8	−17.7	−7.9	−16.5	−8.6	−10.4
−7.5	−18.7	−8.1	−20.5	−8.2	−18.4	−8.9	−11.7
−8.0	−21.6	−8.5	−22.3	−8.5	−20.0	−9.4	−14.7
−8.5	−23.6	−8.8	−24.1	−8.8	−21.6	−9.8	−16.6
−8.8	−25.2	−9.1	−25.5	−9.1	−23.4	−10.3	−18.6
−9.0	−26.2	−9.4	−27.1	−9.4	−25.7	−10.8	−20.8
−9.5	−28.6	−9.7	−28.6	−9.7	−27.4	−11.0	−22.2
−10.0	−30.3	−10.0	−30.0	−10.0	−28.7	−11.5	−27.0

表 5 – 11　不同气压条件下放电电压与放电电流脉冲峰值的关系(负极性)

气压条件	输出电压值与放电脉冲峰值关系									
1.0 × 10³ Pa	输出电压/kV	1.6	2.0	2.5	3.0	3.5	4.0	4.5	5.0	5.5	6.0
	放电脉冲峰值/mV	14	15	13	13	13	13	11	11	11	10
5.0 × 10³ Pa	输出电压/kV	4.8	5.0	5.5	6.0	6.5	7.0	7.5	8.0	8.5	9.0
	放电脉冲峰值/mV	23	19	19	16	19	18	14	15	18	16
1.0 × 10⁴ Pa	输出电压/kV	4.9	5.0	5.5	6.0	6.5	7.0	7.5	8.0	8.5	9.0
	放电脉冲峰值/mV	26	24	41	48	37	23	20	19	17	15
4.2 × 10⁴ Pa	输出电压/kV	5.1	5.5	6.0	6.5	7.0	7.5	8.0	8.5	9.0	9.5
	放电脉冲峰值/mV	33	30	36	39	36	31	30	22	19	17
1.0 × 10⁵ Pa	输出电压/kV	5.9	6.5	7.0	7.5	8.0	8.5	9.0	9.5	10.0	10.5
	放电脉冲峰值/mV	20	41	24	26	30	40	36	22	19	18

表 5-12　不同气压条件下放电电压与放电电流脉冲峰值的关系(正极性)

气压条件	输出电压值与放电脉冲峰值关系									
1.0×10^3 Pa	输出电压/kV	1.7	2.0	2.5	3.0	3.5	4.0	4.5	5.0	1.7	2.0
	放电脉冲峰值/mV	650	940	1500	2280	3040	4130	4420	5080	650	940
5.0×10^3 Pa	输出电压/kV	4.5	5.0	5.5	6.0	6.5	7.0	7.5	8.0	4.5	5.0
	放电脉冲峰值/mV	780	1850	1900	2800	1920	2040	3080	3590	780	1850
1.0×10^4 Pa	输出电压/kV	5.0	5.5	6.0	6.5	7.0	7.5	8.0	8.5	5.0	5.5
	放电脉冲峰值/mV	920	1840	2350	2340	3160	2360	3600	1950	920	1840
4.2×10^4 Pa	输出电压/kV	5.3	6.0	6.5	7.0	7.5	8.0	8.5	9.0	5.3	6.0
	放电脉冲峰值/mV	500	800	1070	900	1010	2670	1400	2600	500	800
1.0×10^5 Pa	输出电压/kV	6.9	7.5	8.0	8.5	9.0	9.5	10.0	11.5	6.9	7.5
	放电脉冲峰值/mV	20	41	24	26	30	40	36	22	19	18

表 5-13　不同气压条件下放电电压与电路电流平均值的关系(正极性)

5.0×10^3 Pa		1.0×10^4 Pa		4.2×10^4 Pa		1.0×10^5 Pa	
U/kV	I/μA	U/kV	I/μA	U/kV	I/μA	U/kV	I/μA
5.0	0.1	5.2	0.1	5.6	0.1	6.9	0.1
5.5	1.8	6.0	0.5	6.0	0.5	7.5	3.6
5.8	2.5	6.3	1.7	6.2	0.7	7.8	5.4
6.0	3.9	6.5	3.7	6.5	1.8	8.0	6.5
6.5	5.5	7.0	5.5	7.0	12.8	8.5	8.8
6.7	9.5	7.2	6.3	7.2	14.3	8.7	10.2
7.0	10.5	7.5	8.0	7.5	15.8	9.0	11.7
7.3	11.7	7.7	10.6	7.8	17.3	9.2	12.9
7.5	10.7	8.0	12.3	8.0	18.6	9.5	14.5
7.7	11.3	8.3	12.7	8.3	19.9	9.7	15.7
8.0	12.4	8.5	13.0	8.5	21.9	10.0	17.2
8.2	13.7	8.8	13.5	8.7	22.8	10.2	18.8
8.5	14.7	9.0	14.7	9.0	24.0	10.5	20.4
8.7	15.7	9.3	16.3	9.2	25.0	10.8	22.3
9.0	17.4	9.5	18.9	9.5	26.3	11.0	23.2
9.2	20.4	9.7	20.3	9.8	27.9	11.2	24.5
9.5	21.3	10.0	20.2	10.0	29.1	11.5	26.1
10.0	24.1	10.5	23.3	10.5	31.0	12.0	29.1
10.3	24.7	10.8	25.7	10.8	31.6	12.3	30.5
10.5	25.9	11.0	26.6	11.0	32.6	12.5	32.1
10.8	27.4	11.3	27.1	11.2	33.2	12.8	33.5
11.0	28.2	11.5	30.2	11.5	34.0	13.0	35.2
11.4	26.3	11.8	30.3	11.8	35.6	13.3	36.8
11.7	27.3	12.0	29.2	12.0	36.9	13.5	38.1
12.0	28.6	12.5	31.5	12.5	39.2	13.7	39.5

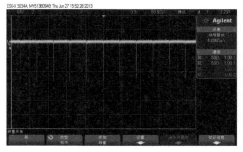
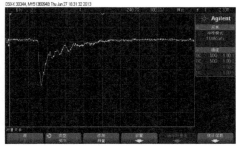

(a) 多个脉冲波形图   (b) 单个脉冲波形图

图 5 – 29 1.0×10^3 Pa 气压条件下放电电流脉冲波形(负极性)

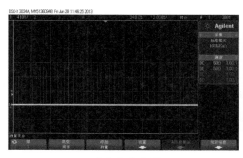
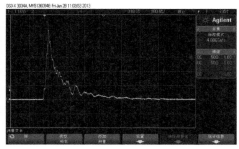

(a) 多个脉冲波形图   (b) 单个脉冲波形图

图 5 – 30 1.0×10^3 Pa 气压条件下放电电流脉冲波形(正极性)

由表 5 – 10 可以得到负极性、不同气压条件下放电电压与电路电流平均值的关系曲线图,如图 5 – 31 所示;由表 5 – 13 可以得到正极性、不同气压条件下放电电压与电路电流平均值的关系曲线图,如图 5 – 32 所示。

由图 5 – 31 和图 5 – 32 可得,当尖端导体的极性为负时,在不同气压条件下,随着放电电压绝对值的增大,静电放电电路中电流的平均值的绝对值增大,二者基本成线性关系;当尖端导体的极性为正时,在不同气压条件下,随着放电电压的增大,静电放电电路中电流的平均值增大,二者基本成线性关系,但是关系曲线不如极性为负时平滑。在 1 个大气压条件下,线性关系最为明显。

由表 5 – 11 和表 5 – 12 可得,当尖端导体极性为负时,放电脉冲的峰值基本为 10mV 量级,低气压条件下放电脉冲与大气压下同等电压输出的脉冲峰值差别不明显;当尖端导体极性为正时,放电脉冲峰值量级为 100mV,甚至多次出现 1000mV 量级脉冲峰值,总体来看,明显比极性为负的情况要高,低气压条件下放电脉冲比大气压下同等电压输出的脉冲峰值明显要高。

另外,通过试验得出,①不管是负电晕放电还是正电晕放电,随着气压的减小,尖端的起晕电压都会降低;在 1 个大气压条件下,正电晕放电电压明显比负

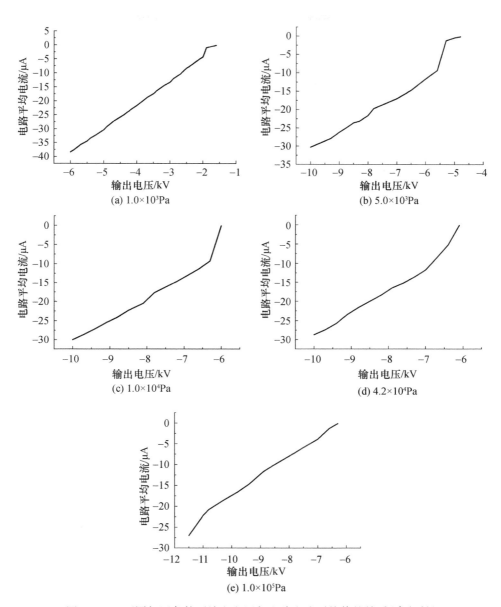

图 5-31 不同气压条件下放电电压与电路电流平均值的关系(负极性)

电晕起电电压绝对值要高,在 10^4 数量级条件下则恰好相反,而在 10^3 数量级条件下则基本接近,正起晕电压略大。②当尖端导体极性为负时,在各不同气压条件下,随着高压静电发生器输出电压绝对值的增大,静电放电电路中放电脉冲频率增大,而且由于这些频率为 $10^4 \sim 10^5$ Hz,正好位于射频段,因此会产生强烈的射频干扰。

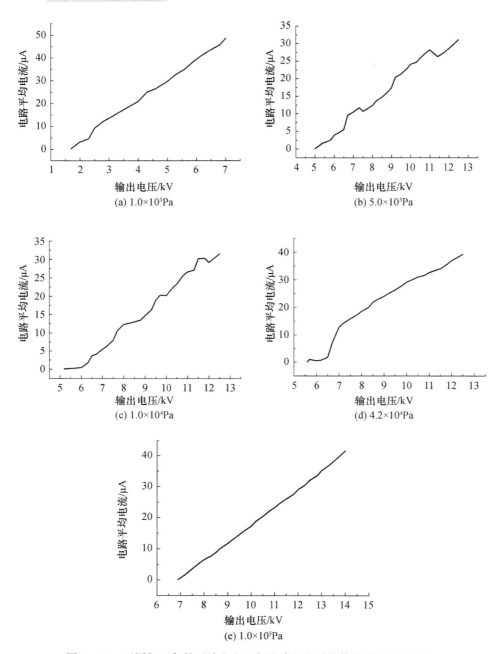

图 5 - 32 不同气压条件下放电电压与电路电流平均值的关系(正极性)

5.6.2 电磁脉冲辐射诱发低气压静电放电

航天器表面静电放电产生的电磁脉冲辐射,除了对航天器内部敏感电子设备造成严重干扰外,当其作用在航天器表面充电敏感区域,可能产生等离子体,降低放电阈值,从而诱发静电放电。针对这种情况,项目组搭建了电磁脉冲辐射环境下静电放电实验系统,利用火花放电模拟电磁脉冲辐射源,在此基础上开展相关实验,研究了电磁脉冲辐射对静电放电阈值电压和放电电流特性的影响。

1. 试验装置

为研究电磁脉冲辐射对低气压环境下的静电放电特性的影响,设计并搭建了电磁脉冲辐射下静电放电实验系统。该系统主要由真空管、放电装置、火花放电模拟器、宽带脉冲电场传感器和测控系统等组成,实验系统设计原理如图 5 – 33 所示。

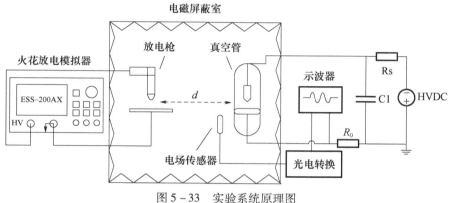

图 5 – 33　实验系统原理图

2. 试验结果

(1)电磁脉冲辐射对放电阈值电压的影响

通过调节火花放电模拟器输出电压,改变火花放电电磁脉冲辐射电场强度,研究辐射电场的变化对静电放电阈值的影响,测试结果如图 5 – 34 所示。

由图 5 – 34 可以看出,当辐射电场小于 4kV/m 时,静电放电阈值基本不变,当辐射电场大于 4kV/m 时,随着辐射电场的增加,静电放电阈值逐渐降低。

(2)电磁脉冲辐射对放电电流特性的影响

图 5 – 35 静电放电电流波形,其中图 5 – 35(a)作为对比波形,为无电磁脉冲辐射时的正常放电信号,放电

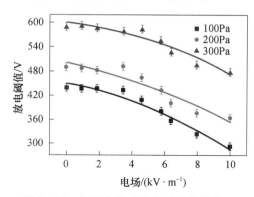

图 5 – 34　辐射电场对放电阈值的影响

电压为 -440V;图 5-35(b) 为电磁脉冲辐射诱发的放电信号,其中 0 时刻为火花放电电磁脉冲辐射信号,1μs 处为诱发的放电电流脉冲信号,辐射电场为 7.98kV/m,放电电压为 -330V。

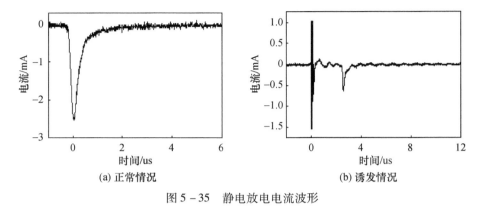

(a) 正常情况   (b) 诱发情况

图 5-35　静电放电电流波形

第6章 高压太阳电池阵充放电效应试验

6.1 概 述

目前,各航天大国都在大力发展大容量通信卫星和多功能科学探测与应用卫星,对空间太阳电池阵一次电源的功率需求明显提高,发展趋势达到并超过了10^4W级别。空间一次电源功率水平的提高要求太阳电池阵工作在高母线电压条件下。我国新型卫星已开始采用母线工作电压高于100V的高压太阳电池阵。例如,我国自行研制的地球同步轨道卫星、我国为尼日利亚研制的地球同步轨道通信卫星以及为委内瑞拉设计研制的大功率地球同步轨道卫星,均为100V母线的高压大功率太阳电池阵(见表6-1)。随着母线电压的提高,空间高压太阳电池阵出现了由静电放电引起的新失效模式。

表6-1 国内卫星高压太阳电池阵的应用情况

卫星	太阳电池阵	总线电压	功率要求	轨道
我国同步轨道卫星	砷化镓/Ge	100V	>10000W	GEO
尼日利亚卫星	砷化镓/Ge	100V	>7000W	GEO
委内瑞拉卫星	砷化镓/Ge	100V	>7000W	GEO

在地球同步轨道(GEO),航天器被地磁亚暴期间注入的高温等离子体云包围时(图6-1),其太阳电池阵表面由于充电会产生 ESD 事件,使太阳电池阵性能下降或出现损伤。另外,初级 ESD 会引起二次放电效应,二次放电能量由高压太阳电池阵电压系统提供,其能量远远大于初级放电,从而造成太阳电池阵功率损失或出现故障。

针对高压太阳电池阵的充放电效应问题,本章重点分析了高压太阳电池阵表面 ESD 和二次放电产生的物理过程,并进行了相应的地面模拟试验,从而为下一步开展高压太阳电池阵防

图6-1 处于亚暴环境中的 GEO 轨道卫星

护技术的研究奠定了基础。

6.2 高压太阳电池阵充放电效应分析

6.2.1 高压太阳电池阵表面静电放电效应

空间环境中,在太阳风的作用下,地球磁层以一定的方式存储能量并在一定时间内释放,从而引起磁层扰动,产生地磁亚暴事件。地磁亚暴热等离子体主要包括电子和质子,由于质子质量是电子质量的 1836 倍,平衡态等离子体中同等能量条件下电子的运动速度是质子的 43 倍,因而主要是等离子体环境中的热电子对太阳阵表面充电。由于热电子温度大约为几十千电子伏,地磁亚暴期间太阳阵表面充电平衡电位可达负的数 kV。在这种充电条件下,高压太阳阵自身太阳电池发电电位水平的影响可以不予考虑。根据空间太阳阵工作特性,太阳电池始终面向太阳,在太阳光子的作用下太阳电池盖片发射光电子,使得盖片表面电势相对升高。另外,高压太阳阵结构包括玻璃盖片、太阳电池、金属互连片、基底材料以及铝蜂窝碳纤维结构等(图 6 – 2),由于每种材料的电阻率和二次电子发射系数不同以及各自特殊的结构特点,在空间带电环境中,这些单元以不同速率充电,从而产生不等量电荷积累。

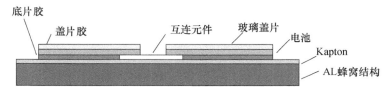

图 6 – 2　太阳电池结构示意图

综合分析,地球同步轨道高压太阳阵表面充电过程可以用图 6 – 3 模型来表示。

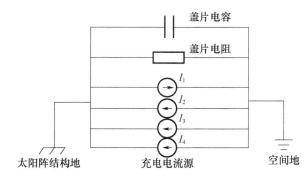

图 6 – 3　高压太阳阵充电电路模型

I_1—环境入射电流;I_2—光电子电流;I_3—二次电子发射电流;I_4—泄漏电流。

充电电流源的综合作用导致高压太阳阵受光照的盖片表面和处于阴影状态的太阳阵结构以不同速率充电,并最终产生明显的不等量带电,如图 6-4 所示。

根据空间带电环境的特点和太阳阵结构及材料特征,充电过程将导致太阳阵表面带负电位(相对于空间等离子体),并在太阳阵光照面(有太阳电池的一面)和太阳阵基底间形成反转电位梯度,即太阳阵基底和金属互联片的充电电位比玻璃盖片的充电电位更低。不等量充电电位形成的电场分布如图 6-5 所示,此电场被认为能够触发高压太阳阵表面产生 ESD 事件。

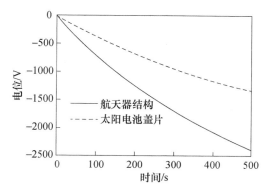

图 6-4　航天器结构与太阳电池盖片不同充电速率

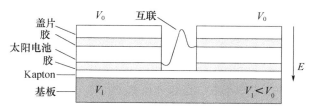

图 6-5　高压太阳阵表面充电电场的形成($V_0 < 0, V_1 < 0$)

当太阳阵表面存在反转电位梯度时,太阳阵表面处于可能发生 ESD 的静电状态。高压太阳阵表面 ESD 能量来自存储在太阳阵不同结构电容中的充电静电能。根据高压太阳阵的结构特点,为高压太阳阵表面 ESD 提供存储静电能的电容主要包括两部分:太阳阵结构电容 C_{solar}(包含于航天器结构电容 C_{sat} 之内)和太阳阵电池盖片电容 C_{glass},如图 6-6 所示。

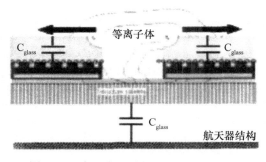

图 6-6　高压太阳阵静电放电等效模型

利用电容充电理论分析高压太阳阵表面 ESD 物理过程。当金属电位比相邻介质电位更低且两者之间电位差足够大时,可能发生 Fowler - Nordheim 效应,产生从金属到介质的场致电子发射。场发射电子沿电力线运动并与介质表面发生碰撞作用,产生二次电子发射效应。二次电子发射效应使金属与介质之间的电位差进一步增加并引起场发射增强,场发射持续增强引发此雪崩效应,导致金属与介质之间发生放电。此效应等效于太阳阵金属互连片尖端场发射电子并撞击盖片侧面,导致互连片场发射位置附近的盖片侧面区域电荷发生变化,玻璃盖片与互连片之间的电场不断增强,因此获得充足的区域电场触发太阳阵表面 ESD 事件。从场发射、电场增强效应直到雪崩效应产生,存储在太阳阵结构电容 C_{solar} 中的静电能被释放。在这一过程中,由于电子集中在金属互连片尖端发射,因而温度效应显现,太阳阵结构电容 C_{solar} 中的能量以尖端热的形式消耗掉。由于所有场发射电子穿过相同互连片尖端引起较大的温度效应,产生的热能能够引起互连片尖端材料熔化并被离化为等离子体。同时,由于碰撞作用,盖片侧表面释放出解析中性气体成分,在场发射电子和二次电子的共同作用下,解析中性气体将最终被离化并形成高密度等离子体。太阳阵表面 ESD 过程中形成的放电等离子体与盖片表面相互作用,伴随着盖片表面的充电电荷被中和,盖片电容 C_{glass} 中存储的充电电荷释放,从而使充电形成的反转梯度电场消失,ESD 过程停止。

6.2.2　高压太阳电池阵二次放电效应

高压太阳阵表面 ESD 能量来自太阳阵表面充电电荷的静电能,其放电能量不足以破坏太阳阵的结构,但会诱导高压太阳阵产生二次放电。由于 ESD 产生的瞬态脉冲电流集中在很小范围内,很强的焦耳效应将导致互联片尖端、介质材料以及解析中性气体分子等成分气化并电离,从而在放电区域形成高密度等离子体。根据高压太阳阵的工作原理和结构特点,由于每块电池仅产生电位的一部分,高工作电压的获得是由数百块单体电池串联产生的。一种典型的电池分布结构如图 6 - 7 所示,这种结构特点使高压太阳电池串的首端和末端之间形成很高的电位差,此区域成为产生二次放电效应的敏感区域。

在高压太阳阵串间高电位差的作用下,由 ESD 产生的区域性高密度等离子体能够充当临时性导电通道,高压太阳阵的自身功率可以通过这一通道持续输出,导致二次放电发生。

通过上述分析,高压太阳阵串间产生二次放电的物理过程包括以下四个步骤:

（1）空间等离子体环境中,由于电子

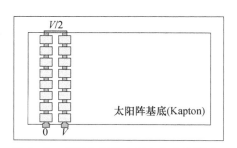

图 6 - 7　高压太阳阵串间电位差的形成

轰击及光照产生二次发射电子,玻璃盖片表面发射电子,使玻璃盖片相对于卫星结构(包括太阳电池)充电到一个正电势,而此时基板的电势相对变化较小。当玻璃盖片与基板之间的电位差大于一定值时,在真空、介质和金属界面结合部位产生 ESD 事件或弧光放电,放电时间为微秒量级,如图 6 –8(a)所示。

(2)在玻璃盖片和太阳电池的互连片之间或玻璃盖片和基板之间,ESD 事件或者脉冲弧光放电发生。ESD 事件在放电地点产生一个高浓度的等离子体,如图 6 –8(b)所示。

(3)当电池串之间的电势差高于击穿阈值时,在太阳电池电路高电位和低电位之间的电流流动通过高浓度的等离子体的通路,一般能够维持毫秒量级,其能量远大于 ESD 事件,如图 6 –8(c)所示。

(4)由于这个通路产生了足够的能量,使得太阳电池之间或太阳电池与太阳电池阵基板之间的材料产生热解、聚酰亚胺膜热解炭化留下一低电阻通路,太阳电池串电流通过此低电阻通路流过,形成闭合回路,导致太阳电池阵永久性短路,使得太阳电池阵不能为航天器提供电源,如图 6 –8(d)所示。

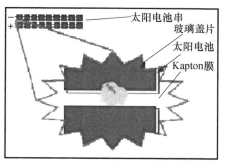

(a) 反向电位梯度触发ESD弧光放电

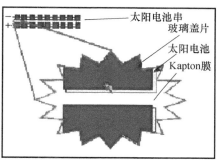

(b) ESD事件在电池间产生局部高浓度
等离子体环境

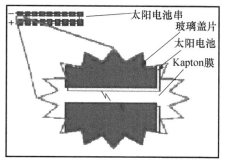

(c) 电池串电流通过等离子体
通路形成二次放电

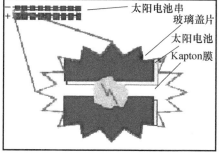

(d) 持续的二次放电使Kapton膜热解形成
永久性低阻通路,电池串短路失效

图 6 –8　高压太阳阵的失效机理

6.3　高压太阳电池阵充放电效应试验

高压太阳阵充放电效应地面模拟试验是开展高压太阳阵二次放电防护技术研究的重要评价手段。根据高压太阳阵充放电效应物理过程的分析,本节主要开展了高压太阳阵表面 ESD 和二次放电地面模拟试验。

6.3.1　试验原理

为了进一步确定高压太阳电池阵表面 ESD 和二次放电的电压阈值,本节采用航天器带电地面综合模拟试验装置及其测控台进行了相关试验,试验装置布局如图 6-9 所示。其主要参数如下:工作真空度为 10^{-4}Pa,电子源的能量在 0~50kV 范围内可调,束流密度在 0.5~10nA/cm² 范围内可调。试验时,利用高压电源将高压太阳阵结构偏置到负电位,来模拟高压太阳阵结构充电形成的负电位。利用电子枪模拟恶劣的地磁亚暴电子环境,电子枪产生电子束辐照太阳阵样品表面,利用太阳电池玻璃盖片的高二次发射特性,在太阳阵样品结构和盖片表面之间建立电位差,从而形成反转电位梯度电场,此电场触发太阳阵表面 ESD 事件。

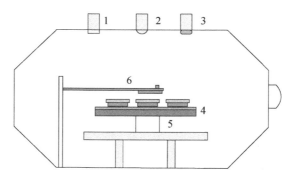

图 6-9　试验装置示意图

1—CCD 相机;2—电子枪;3—模拟太阳光源;4—太阳阵样品;

5—绝缘支架;6—束流密度和表面电位测试探头。

本节通过负高压偏置方法在高压太阳阵样品表面触发 ESD 事件,利用 ESD 诱导高压太阳阵二次放电发生。试验过程中使用砷化镓高压太阳阵样品,采用 2×3 结构。通过太阳模拟器电源(SAS)为样品串间电路提供工作电压和工作电流。在高压太阳阵样品表面产生 ESD 条件下,通过逐步提高样品串间的工作电压来确定高压太阳阵触发二次放电的电压阈值。试验电路原理如图 6-10 所示。图中:T_1、T_2、T_3、T_4 为放电电流探头,通过示波器监测放电

脉冲;VD 为电源保护二极管;C 为太阳
电池阵对地模拟电容;P 为太阳模拟器
电源,为太阳电池串间提供工作电压;R
为回路负载电阻;A_1,A_2 为电流表,用来
检测回路内电流。

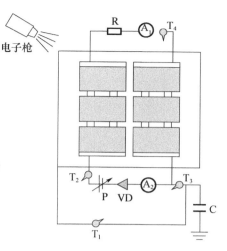

6.3.2　试验过程及结果

1. 高压太阳电池阵表面 ESD 模拟试验

利用高压电源将太阳阵样品偏置
在 −2.5kV 电压条件下,通过调节电子束
能量的大小来控制到达样品表面电子的
能量。试验过程中,在电子束能量约为
3keV、束流密度为 0.5nA/cm² 的条件下,高
压太阳阵样品表面产生 ESD 事件,放电比

图 6 − 10　太阳电池阵表面 ESD 和
二次放电模拟试验电路原理图

较随机,主要发生在汇流条、互连片以及电池边缘。典型 ESD 脉冲波形如图 6 − 11
所示。

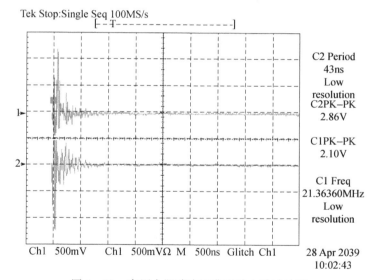

图 6 − 11　高压太阳阵表面典型放电脉冲波形

试验过程中利用非接触式表面电位计对太阳阵样品盖片的表面电位进行
检测。在电子束能量为 3keV、束流密度为 0.5nA/cm² 的条件下,样品盖片表
面电位会逐渐升高。由于太阳阵样品偏置在 −2.5kV 条件下,3keV 能量电子
到达样品表面的能量大约为 0.5keV。在此能量条件下,样品玻璃盖片材料的
二次电子发射系数大于 1,盖片表面充电电子数量小于二次发射电子数量,导

致玻璃盖片表面趋于正充电过程,从而在盖片与太阳阵结构间形成反转电位梯度电场。当盖片表面的充电电位与样品偏置电位之间的电位差超过约500V时,ESD事件发生。盖片表面充电静电能参与了放电事件,放电导致其表面充电电位有一个降低过程。试验表明,样品表面ESD是盖片表面充电电荷快速释放的过程,发生放电时充电静电能也不是全部释放,放电过程比较随机。

2. 高压太阳电池阵表面二次放电模拟试验

在负高压偏置条件下,高压太阳阵表面产生ESD事件。通过SAS电源为样品串电路提供工作电压和工作电流,电压变化范围为0~200V,限制电流为2.1A。通过逐步提高样品串间的工作电压来确定高压太阳阵二次放电的电压阈值。当串间工作电压提高到70V时,样品表面ESD触发了二次放电(图6-12)。

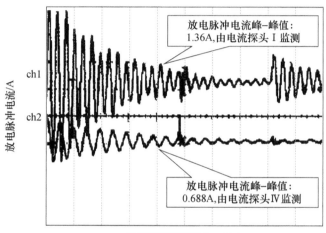

图6-12　70V时二次放电脉冲波形

二次放电产生后,样品串电路被击穿短路,SAS电源处于恒流状态,短路电流为2.1A(图6-13)。

测量表明,样品电池A与电池B之间的Kapton基底材料热解为导电碳化层,电池A和电池B的PN结被击穿短路。二次放电形成了由SAS电源、电池A、串间Kapton导电碳化层和电池B组成的永久性短路回路,如图6-14和图6-15所示。

图6-13　发生二次放电时电池串
之间保持恒流状态

图 6 - 14　发生二次放电时电池串之间击穿瞬间

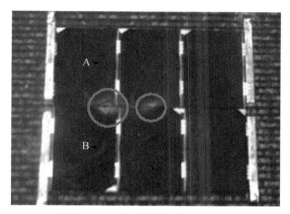

图 6 - 15　电池串表面损坏情况

第7章 深层带电

7.1 概　述

在太阳耀斑爆发、日冕物质抛射、地磁暴或地磁亚暴等强扰动环境下,大量的高能电子注入地球同步轨道或太阳同步轨道中,使得能量大于 1MeV 的电子通量大幅增加。这些电子可直接穿透卫星表面蒙皮、卫星结构和仪器设备外壳,在卫星内部电路板、导线绝缘层等绝缘介质中沉积,导致其发生电荷累积,引起介质的深层充电,也称为内带电。内带电(Internal Charging)包括两种:一种是不接地的孤立导体的带电,另一种是星内介质的深层带电。对于孤立导体而言,因为根据库仑定律,同性电荷之间会相互排斥,所以,当入射高能带电粒子穿透到导电材料的深处时,多余的电荷会迅速从材料的内部迁移到表面。结果,尽管入射带电粒子会透入到材料内部很深的位置,但是多余的电荷只会停留在表面,因此导体只会表面带电,永远都不会出现导体的深层带电现象。所以,对航天器危险最大的是航天器介质内部的带电问题。

介质内部的带电又叫作介质深层带电或体带电,目前已被认为是造成中高轨道卫星在轨异常的主要原因。对于介质而言,因为介质材料的电导率很低,所以穿透进入介质中的高能带电粒子(MeV)会停留在介质中。在几十兆电子伏的能量范围中,电子的透入深度比离子深得多,会在一定的深度形成比离子层更深的负电荷区。对于一个几天、几个月甚至几年都暴露在高能粒子环境中的航天器而言,材料内部的电子积累可能在电介质内建立高电场。当介质内部的电场超过介质材料的击穿阈值时,就会发生放电,所产生的电磁脉冲会干扰甚至破坏航天器内部电子系统的正常工作,严重时使整个航天器失效。因此,介质深层带电效应是诱发地球同步轨道航天器故障和异常的主要因素之一。图7-1为航天器介质深层带电过程示意图。

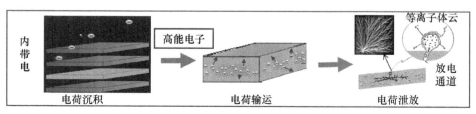

图 7 - 1　航天器介质深层带电示意图

7.2　深层带电环境

造成航天器内带电的环境为地球外辐射带及热等离子体中的高能电子。这些高能电子被地磁场俘获,在太阳活动期间受太阳风动力学作用的剧烈扰动。图 7-2 给出了地球轨道高能电子空间的分布特性,从图中看出,高能电子存在两个分布峰,分别称为内、外辐射带。MEO 轨道正好覆盖了外辐射带的中心高度(20000~30000km),运行于该高度的航天器将面临最恶劣轨道环境,面临着最严重的深层充电效应。GEO 轨道位于外辐射带的中心高度之外,接近外辐射带边缘。在空间环境扰动时,辐射带所处 L 值(L 为磁壳参数,是赤道面上某处离地心距离与地球半径 R_e 的比值)会有较大变化,相应的高能电子通量会有数量级变化,该轨道深层充电效应也不容忽视。

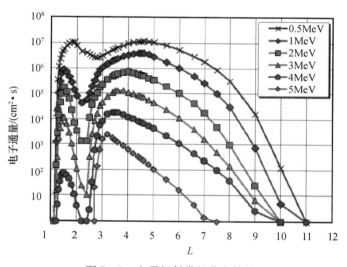

图 7-2　电子辐射带的分布特性

图 7-3 给出了不同轨道的深层充电危险严重性,LEO 轨道航天器不存在深层充放电问题,GEO 轨道和 MEO 轨道深层充放电危险等级最高。

20 世纪 60 年代到 70 年代对地球辐射带进行了大量飞行实验探测,获得的实验数据形成了至今仍广泛使用的 AE8 这样的辐射环境经验模型。但由于探测数据的局限,AE8 模型不能充分描述诱发深层带电的高能电子通量的情况,主要存在于以下缺点:

(1)模型给出的是长期的电子平均通量密度,而不是最大通量密度水平(即最恶劣条件);

(2)模型中采用的电子能量大于 1MeV 的测量数据很少;

（3）模型中采用的高赤道高度的测量数据很少；

（4）模型给出的仅是太阳活动最大和最小的平均数据；

（5）模型给出的是整个地磁活动水平范围的平均数据；

（6）模型假设所有高能电子有相同的密度。

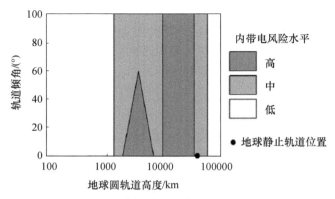

图 7 - 3　地球轨道深层带电危险等级划分

辐射环境经验模型不需要理解控制电子通量密度变化的物理过程，但是应该建立电子通量密度随时间的变化关系。图 7 - 4 为地球同步轨道卫星 - 7（GOES - 7）在 1995 年 1 ～ 2 月间探测到的能量大于 2MeV 电子每天累积通量随太阳风活动的变化曲线，入射电子在几天内日累积通量增加了 2 ～ 3 个数量级，这种情况持续了 10 天左右。图中，红色曲线是 >2MeV 电子的日通量，蓝色曲线是飞船测得当时的太阳风速度。两者之间有明显的关联性，电子的迅速增强紧随太阳风高速流到达之后。这些实验数据为我们理解航天器内带电效应提供了帮助。

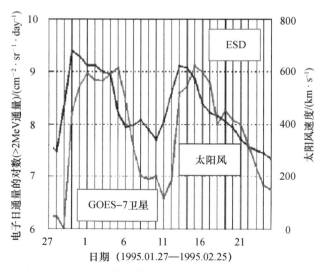

图 7 - 4　GOES - 7 卫星探测的电子通量随太阳风活动的变化曲线

Wrenn 和 Smith 给出了 GEO 卫星平台内带电异常的入射电子日累积通量的阈值是 $5 \times 10^7/(\mathrm{cm}^2 \cdot \mathrm{sr})$，电子通量达到这个阈值被定义为高能电子增强事件。第二个阈值 $5 \times 10^8/(\mathrm{cm}^2 \cdot \mathrm{sr})$ 被定义为极度增强时间。表 7-1 给出了一个 11 年太阳黑子活动周期的高能电子增强事件的分布统计，11 年内发生了 178 次增强事件。在 4018 天内，增强事件有 1161 天，占总天数的 29%；极度增强事件有 312 天，占总天数的 8%。这些增强事件发生在太阳质子事件的后几天内。

表 7-1　在 11 年内的高能电子增强事件的分布统计

年份	增强事件数	增强事件天数	极度增强事件天数	太阳黑子数	22 年周期
1985				18	
1986	20	176	60	14	最小,10 月
1987	11	66	6	32	
1988	14	56	1	98	
1989	9	45	0	154	最大,6 月
1990	8	31	0	146	
1991	11	52	4	144	
1992	17	72	17	94	
1993	23	172	31	56	
1994	26	208	89	30	
1995	24	174	77	17	
1996	15	110	27	10	最小,5 月

深层充放电效应与太阳活动的周期性变化存在关系:在从太阳活动峰年向低年过渡期,是深层充放电效应发生高风险区,图 7-5 验证了上述说法。该图由两部分组成,上部分给出了从 1991 年到 2000 年太阳活动的周期性变化,下部分是 GOES-7 和 GOES-8 卫星空间环境监测器(SEM,space environment monitor)在轨持续监测 10 年的结果。图中,红色方块代表大于 2MeV 的电子两天的总积分通量大于等于 $10^9 \mathrm{cm}^{-2}\mathrm{sr}^{-1}$;黄色方块代表大于 2MeV 的电子两天总积分通量在 $10^8 \sim 10^9 \mathrm{cm}^{-2}\mathrm{sr}^{-1}$ 之间;绿色方块代表大于 2MeV 的电子两天总积分通量小于 $10^8 \mathrm{cm}^{-2}\mathrm{sr}^{-1}$;白色方块是缺少探测数据。

从图 7-5 可以非常清晰地看到在太阳活动下降年,发生了大量的相对论电子高积分通量事件,因此航天器发生深层充放电异常的可能性非常大。

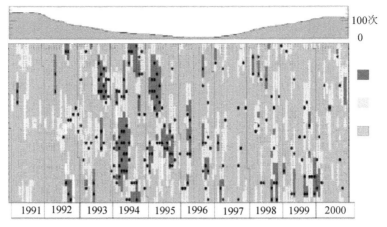

图 7-5 深层充放电事件与太阳活动周期关系

中高轨道上存在航天器内带电及介质击穿现象的最典型、最可靠的实验数据来自美国化学释放和辐射综合效应实验卫星(CRRES)带电试验。实验获得的在轨原位测量数据表明 10h 的环境暴露周期,不发生内带电放电的入射高能电子通量密度安全阈值为 10^5(电子)/(cm² · s)。

CRRES、SAMPEX、空间技术研究飞行器-1(STRV-1)等卫星飞行实验探测数据为航天器内带电效应的研究提供了外辐射带太阳风动力学作用的模型数据,俄罗斯的飞行实验探测数据也为内带电环境模型的完善做出了贡献。

7.3 深层带电机理

7.3.1 高能电子在介质中的传输和沉积

航天器表面通常是由具有导电衬底并与航天器的地相连的介质材料(光学敷层、太阳电池玻璃盖片或暴露的孤立布线)组成的,这些介质中容易产生内部充电;很多卫星构件也是由介质材料(如电缆外套、连线、热敷层、开接线器、支座绝缘子、热涂料、部件密封剂、玻璃纤维光缆、光学窗、电路板、集成电路密封剂、接线器、电容器等)构成的,而空间高能带电粒子具有穿透能力,它们可穿过航天器表面热敷层并沉积到介质中,使其产生内部充电。

如前所述,深层充电导致的卫星故障主要发生在地球同步轨道航天器上,而诱发深层充电的空间高能带电粒子以高能电子为主,能量一般在 100keV 至 10MeV 之间,它们能够穿透航天器表面的敷层材料,进入航天器内部的介质材料。电子与介质材料相互作用的中间过程是复杂的,主要方式是 Rutherford 散射和核相互作用,包括了韧致辐射、正电子的飞行和静止湮灭、Moliere 多重散射、Moller($e^- + e^-$)和 Bhabha($e + e^-$)散射、电子对产生、康普顿电子散射和光电效应等,最终结果是不同能量的电子沉积于介质材料的不同深度,从而在介质内部建立电场,同时可在航天器内部产生高电位。

研究介质的深层带电,应该了解高能电子在介质内部的沉积位置及电荷沉积速度,也就是确定高能入射电子对介质材料的充电电流。介质材料的内部充电与入射电子的通量密度、能谱及航天器的结构、介质材料的性质都有关。首先应该建立电子穿透屏蔽层进入介质内部深度的模型。Webar 等人经过研究给出一些经验公式来近似描述高能电子在介质材料中的沉积,能量为 E 的电子在介质材料中的最大射程为

$$R = \frac{\alpha E_0}{\rho}\left(1 - \frac{\beta}{1 + \gamma E}\right) \times 10^{-2} \qquad (7-1)$$

式中:R 为入射电子在介质中的最大射程(m);α,β,γ 分别为 $0.55\text{g/cm}^2 \cdot \text{MeV}^{-1}$、$0.9841$、$3\text{MeV}^{-1}$;$\rho$ 为材料密度(g/cm^3);E_0 为电子的入射能量(MeV)。

实际情况中,不是所有的入射电子都沉积在最大射程的位置。在到达最大射程的这段距离内,入射电子沉积在不同深度并有一个入射电荷的分布。单位时间单位路程上的电荷沉积为

$$\frac{\mathrm{d}Q(x,t)}{\mathrm{d}t} = 14.42\frac{x^3}{R^4}j_0(1 - \eta) \times \exp\left[-3.605\left(\frac{x}{R}\right)^4\right] \qquad (7-2)$$

式中:$\mathrm{d}Q(x,t)/\mathrm{d}t$ 是单位时间沉积电荷的密度($\text{C}/(\text{m}^3 \cdot \text{s})$);$j_0$ 是入射电子电流密度(A/m^2);η 是背散射系数,其值约为 0.2;x 是电子穿透深度(m)。

单位路程的能量沉积与入射能量 E_0、最大射程 R 及在介质中的穿透深度 x 有关,可表示为

$$\frac{\mathrm{d}E}{\mathrm{d}x} = 1.544\frac{E_0}{R}\exp\left[-2.2\left(\frac{x}{R} - 0.7\right)^2\right] \qquad (7-3)$$

式中:$\mathrm{d}E/\mathrm{d}x$ 是单位路程的能量沉积(MeV/m);E_0 是入射电子的能量(MeV)。

以背面接地的低密度聚乙烯材料(厚度为 1mm)为例,将式(7-1)代入式(7-2)和式(7-3)中,可以计算出不同能量(0.1~0.5MeV)的电子辐射下材料中的电荷沉积和能量沉积分布曲线,如图 7-6 和图 7-7 所示。

当入射电子的能量较低时,高能电子会沉积在材料内部。由于材料中存在部分未辐射区,因此,电荷沉积和能量沉积呈现先增大后减小的趋势,在靠近接地电极处沉积电荷接近为零,如图 7-6 和图 7-7 中能量为 0.1~0.3MeV 辐射时对应的曲线;当入射电子的能量较高时,高能电子部分或完全穿透材料,受辐射诱导电导率的影响,在材料接地电极处存在一定的电荷沉积,如图 7-6 和图 7-7 中能量为 0.4MeV、0.5MeV 辐射下对应的曲线。

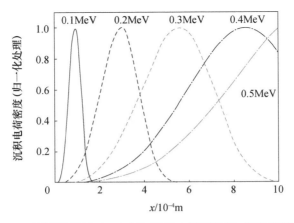

图 7-6　不同能量(0.1~0.5MeV)的电子辐射下,低密度聚乙烯
　　　　(厚度为1mm,背面接地)中电荷沉积分布曲线

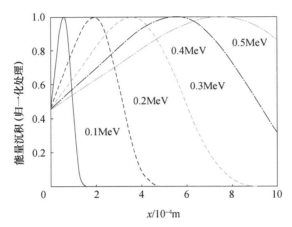

图 7-7　不同能量(0.1~0.5MeV)的电子辐射下,低密度聚乙烯
　　　　(厚度为1mm,背面接地)中能量沉积分布曲线

7.3.2　充电电流与内部电场

对于垂直入射的电子,入射电子电流等于电子通量密度乘以电子电量。沉积在介质层内的电荷为流入该层的电荷减去流出该层的电荷。

对于静止电荷的电场,可以用高斯定律计算。一个体积内总电场等于该体积封闭面内的净电荷除以介电常数。但是空间环境下航天器内带电是一个电荷不断流入和流出的动态过程,可以用欧姆定律进行简化计算。

欧姆定律的电路形式为

$$V = IR \qquad (7-4)$$

式中:V 为电路电压(V);I 为电路电流,A;R 为电路电阻(Ω)。

转换为电场表达形式为

$$E = \frac{J}{\sigma} \qquad (7-5)$$

式中：E 为介质内部电场（V/m）；J 为介质内的流入的净电子电流密度（A/cm²）；σ 为介质电导率（$1/\Omega \cdot cm$）。

式（7-5）表达的是稳态下介质内的最大电场强度。实际情况下，航天器介质内部充电等效为一个 RC 电路的电容充电，内部电场是一个随时间常数 τ 逐步逼近平衡电场的过程。介质内部电场 E 随充电时间变化的关系为

$$E = \frac{J}{\sigma} \left(1 - \exp \frac{-t}{\tau} \right) \qquad (7-6)$$

$$\tau = \frac{\varepsilon}{\sigma} \qquad (7-7)$$

式中：t 为介质内充电时间，s；τ 为介质内充电的时间常数；ε 为介质材料的介电常数。可以看出 τ 是与介质材料性质相关的参数。

式（7-7）给出了一个可供使用的简单数学模型。事实上，入射电子不是单一能量的。同样，在高能电子和离子的辐射作用下，介质的电导率 σ 和时间常数 τ 也会缓慢变化。例如，辐射诱导电导率和温变电导率介质在深层带电研究中是相关的。对该领域需要进行更深层次的实验研究、理论认识、计算机模拟和分析。

7.3.3　温变电导率

环境温度的变化会造成介质内部热运动激励产生的空穴–电子对数量发生变化，其后果导致介质电导率改变。温度对介质电导率影响的模型为

$$\sigma(T) = \sigma_\infty \exp\left(-\frac{E_a}{kT} \right) \qquad (7-8)$$

式中：$\sigma(T)$ 为介质受温度影响后的电导率（$1/(\Omega \cdot cm)$）；σ_∞ 为温度无穷大时，介质最大电导率（$1/(\Omega \cdot cm)$）；E_a 为介质材料的活化能（eV）；k 为玻耳兹曼常数，$k = 1.38 \times 10^{-23}$ J/K；T 为介质温度（K）。

将需要的温度值代入式（7-8），就可以计算出对应的介质电导率。

7.3.4　电场诱导电导率

电场诱导不仅可以增加介质内部载流子的数量，同时可以提高载流子的运动速度，从而提高介质的电导率。电场对电导率的影响为

$$\sigma(E,T) = \sigma(T) \frac{2 + \cosh\left(\frac{\beta_F E^{1/2}}{2kT} \right)}{3} \left(\frac{2kT}{eE\delta} \right) \sinh\left(\frac{eE\delta}{2kT} \right) \qquad (7-9)$$

式中：$\sigma(E,T)$ 为温度 T 时的场诱导电导率（$1/(\Omega \cdot cm)$）；$\sigma(T)$ 为温度 T 时的

介质电导率($1/(\Omega \cdot cm)$);E 为电场(V/m);T 为温度(K);β_F 为与介质材料相关的常数,$\beta_F = \sqrt{\dfrac{e^3}{\pi\varepsilon}}$;$\delta$ 为经验常数,取 $10^{-9}m$。

可以看出,温度、电场对介质电导率的影响相互关联。研究表明,辐射对电导率的影响是独立的,可以单独考虑。

7.3.5　辐射诱导电导率

在没有辐射的情况下,介质材料的电导率叫作暗电导率。通常,暗电导率很低,其机理为介质内部热运动激励产生的空穴 – 电子对,使介质具有一定的导电性。介质材料受到高能电子辐射后,产生的电离效应、韧致辐射效应、位移效应等能激励出次级电子,使介质材料电导率有明显增加。辐射诱导引起电导率增加的部分叫作辐射诱导电导率,辐射电导率与入射电子在介质材料中的能量损耗率成正比,用辐射剂量率表示可以得出

$$\sigma_r = k_p D^\Delta \tag{7-10}$$

$$\sigma = \sigma_0 + k_p D^\Delta \tag{7-11}$$

式中:σ_r 为辐射电导率($\Omega^{-1} \cdot cm^{-1}$);$k_p$ 为与介质材料性能相关的系数($s \cdot \Omega^{-1} \cdot cm^{-1} \cdot rad^{-1}$),在 $0.6 \sim 1$ 之间取值;D 为介质材料辐射剂量率($rad \cdot s^{-1}$);Δ 为与介质材料性能相关的系数,无量纲;σ 为介质的总电导率($\Omega^{-1} \cdot cm^{-1}$);$\sigma_0$ 为介质材料的暗电导率($\Omega^{-1} \cdot cm^{-1}$)。常用介质材料参数如表 7 – 2 所列。

表 7 – 2　常数介质材料参数表

参数	聚乙烯	聚酰亚胺	聚四氟乙烯
相对介电常数	2.5	3.4	2.1
$\sigma_0/(\Omega^{-1} \cdot m^{-1})$	1.0×10^{-16}	1.0×10^{-16}	1.0×10^{-16}
$k_p/(s \cdot \Omega^{-1} \cdot m^{-1} \cdot rad^{-1})$	8.6×10^{-15}	2.0×10^{-15}	$1.6 \times 10^{-15}/8.8 \times 10^{-15}$
Δ	0.8	0.8	0.6/0.74
介电强度/(V/m)	2.7×10^8	1.9×10^8	$7.8 \times 10^8 \sim 1.9 \times 10^8$
密度/($kg \cdot m^{-3}$)	1.1×10^3	1.4×10^3	2.1×10^3

7.3.6　介质内部不同深度的辐射剂量率

高能电子入射到介质内部到达最大射程之前的行程中将不断损失能量。入射电子的能量 $>200keV$ 时,能量损失随射程增加变化为近似线性关系,即单位射程长度上的能量损失近似为常数。那么介质内深度为 x 处的电流密度为

$$J(x) = \gamma e \Phi(\rho x) \tag{7-12}$$

式中:$J(x)$ 为介质内 x 处的电流密度(A/cm^2);γ 为介质结构的几何因子,无量纲;e 为电子电量(C);$\Phi(\rho x)$ 为射程 ρx 处的电子通量密度($1/(cm^2 \cdot s)$)。

介质内部 x 处的辐射剂量率

$$D(x) = 1.92 \times 10^{11} J(x) \qquad (7-13)$$

由式(7-13)可知,在一定能谱的入射电子辐射下,介质内部的辐射剂量率随介质内深度发生变化,由其诱导的辐射电导率同样随深度发生变化,不是一个常数。这样,介质内辐射电导率的计算分析变得复杂。

7.3.7　延迟电导率

辐射和电场会增加介质材料的电导率。如果辐射或外加电场在施加一段时间后撤销电导率将指数衰减至永久电导率,该永久电导率是在没有辐射和电场时的值(图7-8)。Frederickson 给出了电场衰减公式如下:

$$E(t) \approx (r/\varepsilon)\left[1 - \exp(-t/r\varepsilon)\right] \qquad (7-14)$$

式中:t 表示时间;r 表示电阻率;ε 表示介电常数。如 Frederickson 所强调的那样,衰减方程(7-14)并不能给出确切的数值,但是对于近似地了解衰减时间常数是有帮助的。

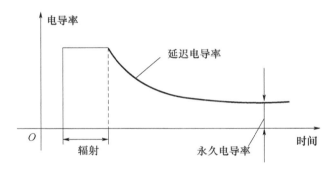

图 7-8　延迟电导率

(辐射会增强介质材料的电导率,在辐射停止一段时间后,电导率会缓慢下降至其常态值)

7.4　深层带电物理学基础

7.4.1　高能带电粒子在固体中的穿透特性

撞击在表面材料上的高能(MeV)电子和离子会穿透到不同的深度,透入深度与粒子能量、粒子类型及材料特性有关。在能量为 keV 数量级,电子和离子只能穿透到接近表面很浅的深度,它们的透入深度没有显著差别;在能量为 MeV 数量级,电子比离子穿透得深,它们的透入深度差别将变得非常明显;在能量为 100MeV 或更高量级,离子的透入深度比电子大,可能会引发介子产物和核反应。

在地球空间环境中,人们不太关心能量为 100MeV 或更高电子和离子的通量,因为如此高能量的电子和离子的通量非常小。这么高能量的电子和离子可能来自宇宙射线,如果它们撞击在星载电子设备的敏感部分,可能造成严重破坏。但是,由于它们的通量非常小,直接撞击的可能性非常小。而该问题不属于带电问题,而是属于一种由一些穿透到物质中的高能带电粒子导致的航天器异常现象。

高能(MeV)电子和离子在介质中透入深度的差异导致在较深的地方能形成一层电子层。注意,因为环境电子的通量比环境离子高两个数量级,因此通常忽略离子层。由于电介质具有极小的电导率,因此在介质层中沉积的电子是不可移动的。随着电荷的积累,它们会建立电场。在足够高的电场下,介质材料将发生击穿。取决于材料的种类,该击穿临界电场大约为 $10^6\,\mathrm{V/m}$ 数量级。介电击穿意味着局部电导率的突变,会突然形成一个局部的导电通道,并引发电弧放电。

7.4.2 阻止本领

通常,将入射粒子在单位行程上的平均能量损失称为阻止本领 $S(E)$,则

$$S(E) = -\frac{\mathrm{d}E}{\mathrm{d}x} \tag{7-15}$$

式中:E 是入射粒子的动能;x 表示距离;$S(E)$ 的单位一般是 keV/μm。

在航天器相互作用物理和生物物理学中,术语线性能量转移(Linear Energy Transferred,LET)通常被用作注入粒子阻止本领的一个近似。阻止本领和 LET 之间是有差别的,阻止本领包含了所有能量损失机制,也包括辐射损失;而 LET 不考虑辐射损失。在 20MeV 以上,轫致辐射会逐渐变得重要;在 100MeV 以上,可能会发生核反应,对于深层介质带电,一般只考虑能量在 20keV~20MeV 的入射粒子,此时的轫致辐射无关紧要。在这个能量范围,阻止本领或 LET 主要是由动能转移、激发和电离造成的。在地球空间环境中,带电粒子的通量一般随着带电粒子的能量增加而迅速减小。能量在 20MeV 以上的粒子通量通常可以忽略,这也是介质深层带电所关注的最高能量。

关于速率为 v 的带电粒子在材料中的阻止本领的一个更为详尽的公式就是 Bethe - Bloch 公式。它是相对论的,由下式给出

$$S(E) = -\frac{\mathrm{d}E}{\mathrm{d}x} = \frac{4\pi Z^2 n_e \alpha^2}{mv^2}\left[\lg\left(\frac{2mv^2}{1-\beta^2}\right) - \beta^2 - \lg I\right] \tag{7-16}$$

或者

$$S(E) = \frac{2\pi Z^2 M n_e \alpha^2}{m}\frac{1}{E_\mathrm{p}}\left[\lg E_\mathrm{p} + \lg\left(\frac{4M}{m}\right) - \beta^2 - \lg I\right] \tag{7-17}$$

式中

$$E_\mathrm{p} = \frac{1}{2}Mv^2 \tag{7-18}$$

在式(7-16)~式(7-18)中，m 表示电子的质量，e 表示电子的电量，z 表示入射粒子的电量，v 表示入射粒子的速率，n_e 表示材料的电子密度，α 表示精细结构常数，$\beta(=v/c)$ 表示相对论因子，c 表示光速，E_p 表示入射粒子的动能。材料特性由材料中原子的离子碰撞激发和电离的平均能量 I 表征。单位体积的电子数密度 n_e 与材料密度 ρ 的关系为

$$n_e = \frac{Z\rho}{Am_n} \tag{7-19}$$

式中：Z 表示原子中质子的数量；A 表示原子量；ρ 表示质量密度($g \cdot cm^{-3}$)；m_n 表示中子的质量。在不同的条件下会增加微调附加项。入射电子的阻止本领与式(7-16)相似，除了对数项有稍微差别。

有趣的是，阻止本领 $S(E)$(式(7-15))随着粒子的减速而增加。在非相对论性能量($\beta \leqslant 1$)，$S(E)$ 近似与 v^{-2} 成正比。

应该注意到，应用于高能带电粒子穿透材料(包括航天器上的电介质)的 Bethe-Bloch 公式适用于初始能量达到 20MeV 量级的带电粒子。对于不同的校正存在附加项，如壳校正、散射和轫致辐射，但是对于能量高达 20MeV 的入射粒子，一般只能提高到不超过约 6% 的精度。在 20MeV 以上，修正项会使情况变得复杂，况且在地球空间环境中超过能量带电粒子的通量非常小。

7.4.3　透入深度和射程

图 7-9 给出了 1MeV 带电粒子穿透到物质中的阻止本领 $S(E)$ 或 LET 的一条典型曲线。阻止本领随透入深度增加和降低的曲线称为 Bragg 曲线。Bragg 曲线存在一个特征峰，称为 Bragg 峰。超过这个峰，粒子将减速至完全停止。粒子在材料中射程的定义为从表面至 Bragg 峰与停止点之间中点的距离。

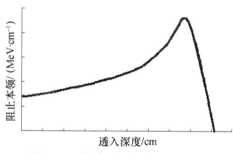

图 7-9　依赖透入深度的阻止本领的一条典型曲线

注意，因为在高速率下，超快速粒子(注入)与材料间的相互作用很小，沿着入射粒子路径直到入射粒子减速期间的电离概率非常小。因为激发需要的能量比电离小，在粒子入射路径上直至入射粒子接近 Bragg 峰，出现的激发要多于电离。Bragg 峰出现在靠近入射粒子路径的末端，在此处，粒子的速率从初始能量的 MeV 级减至 keV 级或几百 eV。在此处的相互作用、动量转移和能量损失达到最大值，晶格中原子位移的概率、材料中原子的发热、激发和电离也达到最大。在 Bragg 峰附近，很窄区域的电离可能会导致离子和电子数量上升几个数量级。

对于一个质量为 m、初始能量为 E_p 的初级带电粒子,穿透的射程 $R(E_p)$ 与阻止本领 $S(E)$ 间的关系由以下积分给出:

$$R(E_p) = \int_0^{E_p} dE \left(\frac{1}{dE/dx} \right) \qquad (7-20)$$

当粒子穿透到材料中越来越深时,阻止本领随着粒子的减速而增加。这条曲线被称为 Bragg 曲线,该特征峰被称为 Bragg 峰。过了该峰,粒子迅速减速直至停止。按照惯例,将射程定义为 Bragg 峰与阻止本领为零点的中值点的深度。

按照惯例,射程 $R(E_p)$ 的单位是 $g \cdot cm^{-2}$,是材料密度 $\rho(g \cdot cm^{-3})$ 和距离 (cm) 的乘积。要将射程转化为深度 p,只需简单地用射程 R 除以密度 ρ 即可,即

$$p = \frac{R}{\rho} \qquad (7-21)$$

能量为 1 MeV 的电子和离子在一些材料中的典型射程和透入深度见表 7-3。

表 7-3　1 MeV 电子和离子在一些材料中的典型射程和透入深度

材料	密度 /$(g \cdot cm^{-3})$	电子深度 p_e/cm	电子射程 $R_e/(g \cdot cm^{-2})$	质子深度 p_i/cm	质子射程 $R_i/(g \cdot cm^{-2})$
铝	2.70	0.205	0.5546	0.00143	0.00387
氧化铝	3.97	0.135	0.5367	0.00093	0.00370
锗	5.32	0.123	0.6560	0.00121	0.00643
金	9.32	0.040	0.7762	0.00065	0.01247
石墨	1.70	0.292	0.4964	0.00162	0.00275
铁	7.87	0.078	0.6159	0.00069	0.00544
聚酰亚胺	1.42	0.337	0.4780	0.00191	0.00271
铅	11.35	0.069	0.7843	0.00104	0.01183
有机玻璃	1.19	0.349	0.4150	0.00208	0.00247
聚酯薄膜	1.40	0.336	0.4702	0.00189	0.00265
聚乙烯	0.94	0.443	0.4160	0.00229	0.00215
聚丙烯	0.90	0.461	0.4150	0.00234	0.00211
聚氯乙烯	1.30	0.380	0.4940	0.00225	0.00293
硼硅酸玻璃	2.23	0.234	0.5219	0.00155	0.00345
硅	2.23	0.231	0.5386	0.00165	0.00384
银	10.50	0.066	0.6896	0.00073	0.00770
聚四氟乙烯	2.20	0.238	0.5227	0.00149	0.00327
钛	4.54	0.133	0.6055	0.00105	0.00478

电子和离子穿透的深度不一样。在表 7 - 3 中,1MeV 电子透入深度的典型值一般为几分之一厘米,而 1MeV 质子的透入深度会比前者小约两个数量级。应该注意到,1MeV 电子的射程 R 近似为一个常数。这种近似为常数 R 的特性在能量范围 10keV ~ 20MeV 内都成立。因此,如果知道一种材料的透入深度,可以由一个简单的近似公式推导出同样能量初级的粒子在另外一种材料中的透入深度。不同材料的透入深度间微小差别的原因在于电离。电离是材料的一个特性,主要出现在 Bragg 峰附近的一段很短的距离内。如果这个短距离与总的穿透深度相比很小,忽略在这段短距离内电离的任何微小差异是一个很好的近似。其中一个这样的公式如下:

$$S_1/S_2 = n_1/n_2 \qquad\qquad (7-22)$$

式中:n_1 和 n_2 分别表示两种材料的电荷数量密度。这个近似是粗糙的,因为平均激发和电离能在不同材料中是不一样的。

7.4.4　高电场雪崩电离

地面试验已经显示,当外施电场达到一个与材料特性有关的临界值时,就会发生介质击穿。即在临界电场或高于临界电场,材料中出现导电通道。临界电场 E^* 的值取决于不同材料的特性,典型值在 $10^6 \sim 10^8$ V/m 数量级左右。实际上,介质击穿很少起始于整个材料中。也就是说,介质击穿通常开始于一些缺陷点或故障通道。

因为在电介质材料中建立的电荷会产生静电位能,突然出现的击穿会沿着导电通道释放能量,如释放电子和离子的动能。接着,释放的动能会通过碰撞电离和发热而破坏介质材料的物理结构。结果,当放电发生时,放电痕迹变成越来越宽的溪流,就如同一条河流系统。该放电模型(图 7 - 10)被称为 Lichtenberg 模型。在介质试样被高能电子辐射一段时间后,自发放电可能发生也可能不发生,可以通过使用一个接地的导线接触试样来诱导放电。

为什么各种介质材料的临界电场 E^* 为 $10^6 \sim 10^8$ V/m 呢?具体原因分析如下:当固体中的一个电子沿着外施电场 E 的方向被加速时,电子获得动能。当它碰撞一个原子的束缚电子,它的一部分动能将用于从原子中撞击出电子,即电离。典型原子的电离能在 10eV 数量级,在绝缘材料

图 7 - 10　介质试样中的 Lichtenberg 放电图形
（放电模式与河流系统相似）

中低能电子的平均自由程大约为 10^{-6} m。因此,当外施电场为 10^7 V/m 时,电子在移动 $\lambda = 10^{-6}$ m 的距离中将获得 $\Delta V = 10$ eV 的能量。如果该电子碰撞电离原子,将从中性原子中释放出一个新的电子,而原子变成一个正离子。两个电子继而重新开始它们的旅程,并在下一个平均自由程中又获得 10eV 的能量,依次类推。以这种方式,越来越多的电子聚集起来一起旅行就形成了溪流。它们同样会在非弹性碰撞、原子或分子激发、辐射、加热、电子—离子复合和晶格畸变中损失部分能量,但是如果在每次循环中电子得到的能量超过损失的能量,就会发生雪崩击穿。这个理论虽然明显是很粗糙的,但是与 Lichtenberg 放电模型中下游变宽以及临界电场的幅值 $E^* \approx 10^7$ V/m 数量级是一致的。

按照双层结构,深层的电子受到它们自身建立起来的高电场排斥,同时又受到靠近介质表面的正离子吸引。结果,介质中的电子趋向于缓慢移向离子层,电子的迁移率很低。电子在沿着电场方向移动时获得能量。如果出现碰撞电离,能量增益大于损失,就会出现雪崩电离。

有人可能对上面提到的电离能量 10eV 有疑问。对于一些材料,可能会需要更多的能量来电离。含有电离的碰撞会在激发、辐射、加热等效应中损失能量,所以有效电离能会更高一些。假设使用 100eV 替代 10eV,临界电场将会是 $E^* \approx 10^8$ V/m。

有人可能会有另外一个问题。固体理论中,电子形成价带和导带。对于绝缘体,能带被一个 1eV 到几电子伏的禁带分开,禁带的宽度与材料有关。如果价带填满而导带空着,价带中的电子就不能跳过禁带,这样,我们就获得了一种绝缘材料,绝缘材料中的热能很小,不能克服禁带的能量。假设外施一个 $E^* = 3 \times 10^6$ V/m 的电场,平均自由程 $\lambda = 10^{-6}$ m,电子在一次碰撞中就可以获得 3eV 的平均能量 ΔV。因此,沿着平均自由行程从电场中获得能量(3eV)的激发电子可能足以从价带跳到导带上。

有人可能会接着问:"如果平均自由行程 λ 与材料的密度 n 成反比,临界电场将会怎样变化?"对于一个较短的平均自由行程,临界电场 E^* 会更高,才能在每次碰撞中获得同样的电离能量。因此,临界电场 E^* 与材料的密度 n 成正比。

综上所述,可以断言,临界电场 E^* 为 $10^6 \sim 10^8$ V/m。

7.4.5 Mott 转变

Mott 转变的思想如下:原子中的电子被原子核通过库仑力吸引着(图 7-11(a)),如果有电子沉积在原子附近,会产生一个德拜屏蔽,从而会有效地缩短库仑力的作用范围。如果沉积足够的电子,德拜屏蔽会通过这些电子切断库仑力,被原子束缚的价电子将变成自由电子(图 7-11(b))。

距离原子核 r 处的静电势的库仑形式如下:

$$\phi(r) = \frac{e}{4\pi\varepsilon r} \qquad (7-24)$$

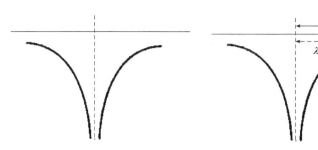

(a) 在一个原子中的库仑电势曲线　　　　(b) 在原子中的短程电势曲线

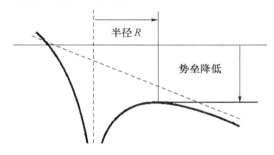

(c) 外施电场下的库仑电位曲线倾斜

图 7 - 11　Mott 转变过程

电子和原子核形成原子,电子与原子核之间的距离为 $r = R$,其中 R 称为有效波尔半径。当周围有电子沉积时,在 $r = R$ 处的电势被电子屏蔽,式(7 - 23)变成一个被屏蔽的库仑形式:

$$\phi(r) = \frac{e}{4\pi\varepsilon R}\exp\left(-\frac{R}{\lambda}\right) \qquad (7-24)$$

被屏蔽的电势(式(7 - 24))相对于库仑势是一个短程作用力。在 Thomas - Permi 近似中,德拜长度为

$$\lambda^2 = \frac{R}{4}\left(\frac{\pi}{3n}\right)^{1/3} \qquad (7-25)$$

式中:n 是电子密度。注意,德拜距离 λ 随密度 n 的增加而减小。在低密度时,德拜距离 λ 远大于波尔半径,因此式(7 - 25)中取 $\lambda \to \infty$ 的极限,即得到库仑形式(式(7 - 23))。当密度 n 增加,距离 λ 减小时,最终德拜距离 λ 等于有效玻尔半径 R,以至于在波尔半径处的电势降低为如下值:

$$\phi(R) = \frac{e}{4\pi\varepsilon R}\exp(-1) \qquad (7-26)$$

　　Mott 的思想是,当 $r = R$ 时,屏蔽电势(式(7 - 26))是一个临界值,由于这个

值过小,因此无法将电子维持在 $r = R$ 处。电子和原子核不再是束缚态,因此电子自由移动离开原子核。将 $r = R$ 代入式(7-25),可以得到临界电子密度 $n = n^*$,则

$$n_*^{1/3}R \approx 0.25 \tag{7-27}$$

式(7-27)就是绝缘体 – 导体转变的 Mott 方程。对许多材料的实验室观测结果,已经得到了一个类似的关系

$$n_*^{1/3}R \approx 0.26 \pm 0.05 \tag{7-28}$$

式(7-28)非常接近 Mott 转变方程。

7.4.6 Poole – Frenkel 强电场效应

Poole – Frenkel 的基本思想如下:当给原子外施一个电场时,电场的电位梯度将与原子的库仑势相叠加,叠加的梯度会使电势曲线倾斜,因此曲线一边的降低比另一边多(图7-11(c))。如果电势曲线倾斜降低得足够多,原子中的束缚电子将变成自由电子,该电子就可以离开原子,跳向另一个原子,依此类推。

若给原子上外施一个电场 E,则电场方向 $r = R$ 处的电势变为

$$\phi(R) = \left(\frac{e}{4\pi\varepsilon R} - ER\right)\exp\left(-\frac{R}{\lambda}\right) \tag{7-29}$$

求出当 $E \rightarrow 0$ 时的极限,就可以从式(7-29)中得到屏蔽库仑电势(7-24)。因此,如果有极高的电子密度,但没有外施电场,就可以得到 Mott 转变公式(7-27)。

如果外施电场 E 很高,但是电子密度 n 很低,可以让 $\lambda \rightarrow \infty$,则电势变为

$$\phi(R) = \frac{e}{4\pi\varepsilon R} - ER \tag{7-30}$$

它低于库仑势,即低于式(7-24)。当外加电场 E 足够高时,就会将电势降低到式(7-26)所示的临界值,即

$$\phi(R) = \frac{e}{4\pi\varepsilon R} - ER = \frac{e}{4\pi\varepsilon R}\exp(-1) \tag{7-31}$$

随着电势的降低,在 R 处的电子又将重新变得松弛。因此,转变或击穿的临界电场 E^* 由式(7-31)决定,对于大多数材料,$E^* \approx 10^6 \sim 10^8$ V/m 数量级。

如果考虑固体中高电荷密度和高电场的综合作用,击穿电压会降低(式(7-29)),如图7-12所示。

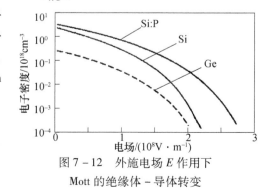

图7-12 外施电场 E 作用下 Mott 的绝缘体 – 导体转变

7.4.7　齐纳击穿

在高电场下,价带中的电子可能隧穿禁带到达导带。在量子力学中,固体中的电子会形成波函数,相邻的波函数会相互接触和重叠。它们一起形成被禁带分开的能带。在绝缘材料中,价带是满的,但是导带是空的。典型绝缘材料的禁带宽度为 $1\sim2eV$。根据泡利不相容原理,完全填满价带的电子是不能传导的。除非电子可以跳过禁带到达导带,不然不会传导。

量子力学中,电子可以以一定的概率隧穿势垒,或者禁带 ε。隧穿概率随着势垒的降低或者禁带变窄而增加。齐纳认为,外施一个高电场 E 可能增强电子隧穿禁带的概率。使用经典量子力学教科书中描述的 Wentzel – Kramers – Brillouin(WKB)近似,齐纳得到了隧穿禁带的概率 γ,或者隧穿速率为

$$\gamma = \frac{eEa}{h}\exp\left(-\frac{\pi^2 ma\varepsilon^2}{h^2 eE}\right) \tag{7-32}$$

式中:e 表示电子电量;E 表示电场;a 表示晶格长度;eEa 表示在晶格长度上的静电势能;h 表示普朗克常量;m 表示电子质量;ε 表示间隙宽度。如果取 $a = 3\times10^{-8}cm$,由式(7-32)得到的隧穿速率为

$$\gamma(\varepsilon,E) = 10^7 E \times 10^{-\frac{0.5\times10^7\times\varepsilon^2}{E}} \tag{7-33}$$

对于禁带能量 $\varepsilon = 2eV$,式(7-33)给出的齐纳隧穿速率为

$$\gamma(2eV,E) = E \times 10^{7-\frac{2\times10^7}{E}} \tag{7-34}$$

图 7-13 给出了外施电场 E 函数的齐纳隧穿速率 $\gamma(\varepsilon,E)$,齐纳隧穿速率由式(7-34)计算得到。在该图中,$\gamma(\varepsilon,E)$ 一直很低,直到电场达到阈值电场 E^*。大于阈值电场 E^* 时,隧穿速率随着电场 E 的增加迅速增加,表明由价带隧穿到导带的电子数量迅速增加。也就是说,绝缘体将变成导体。正如图 7-13 所显示的那样,这种转变是突然发生的,当外加电场超过阈值电场时,隧穿速率即迅速增加,这种现象称为绝缘材料的齐纳击穿。

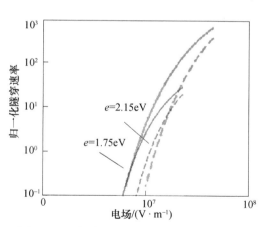

图 7-13　齐纳隧穿速率与外施电场的关系

7.4.8　电子注量

注量 F 是入射通量在一个周期 T 内的积累值。通量 J 是单位时间内运动到

单位面积上的粒子数量

$$F(T) = \int_0^T dt J(t) \qquad (7-35)$$

式中:通量 J 的单位是 $e \cdot cm^{-2} \cdot s^{-1}$;注量 F 的单位是 $e \cdot cm^{-2}$。如果材料非常薄,只有通量的一部分 f 保留下来,因此要将式(7-35)中的 J 换成 fJ。通量的余下部分 $1-f$ 穿过了材料而没有停留在材料内部,因此不会对介质深层带电起作用。

下面给出了一些基于教学的注解。为简单起见,考虑部分值 $f=1$。经过一个周期 T 后,在 A 获得的注量 F 等于沉积在介质深层中面积为 A 的电量 Q。带电量为 Q 的平板层产生的电场为

$$E = \frac{Q}{2\varepsilon A} \qquad (7-36)$$

式中:ε 表示介质材料的介电常数,$\varepsilon = \varepsilon_0 \kappa$;$\varepsilon_0$ 表示真空介电常数;κ 表示介质常数(也称为相对介电常数)。如果形成了双电荷层,将式(7-36)中的电场乘以2,因为由每层产生的电场在两电荷层间的区域中会共同起作用。

假设在介质材料中存在一个电量为 Q、面积为 A、厚度为 Δx 的电子层,可以得到电荷密度

$$\rho = \frac{Q}{A\Delta x} \qquad (7-37)$$

电场 E 是每单位距离 Δs 上的电位差 $\Delta \Phi$。假定在深度 Δs 范围内形成了一个电荷层,则两层间的电荷与介质表面的电位差如下

$$\Delta \phi = E \Delta s \qquad (7-38)$$

7.4.9 介质深层带电的临界注量

因为对于介质击穿存在一个阈值电场 E^*,所以也应该存在一个临界注量 F^*。注量是在一段时间内的通量积累。临界注量与材料特性、沉积在材料中的入射通量因子 f、电荷泄漏速率以及材料的几何尺寸有关。

Vampola 引用了 Frederichson 关于 CRRES 航天器放电的临界注量 F^*,如下:"对于在大于泄漏电流时间 τ 的一个周期 T 内,大小为 $10^8 e \cdot cm^{-2} \cdot s^{-1}$ 数量级的平均通量 $<J>$ 而言,临界注量 $F^* = 10^{12} e \cdot cm^{-2}$。"作为一个练习,此处忽略掉这段时间内的泄漏电流、几何效应等,并假定初始值 $F(0) = 0$。由式(7-35)得到

$$F^*(T) = \int_0^T dt J(t) = T \times 10^8 e \cdot cm^{-2} \cdot s^{-1} = 10^{12} e \cdot cm^{-2} \qquad (7-39)$$

由该式得到了一个时间 $T^* = 10^4 s$,即大约3h。这就是对于一个给定的 $<J>$,达到临界注量 F^* 所需的通量积累时间。前面的估计建立在假设一个平均通量 $<J>$ 的基础上。而事实上,$J(t)$ 是随时间变化的。

如果初始值 $F(0)$ 为限定值,所需时间相应也会变短。在有泄漏的介质材料中,沉积的电量 $Q(t)$ 会随时间 t 按指数规律衰减。设定泄漏时间常数为 τ。实际上,在经过周期 T 后的电量 $Q(T)$,由从 T_0 至 T 时间,入射电荷的积累和衰减以及初始电荷 $Q(T_0)$ 指数规律减少项之和来决定,即

$$Q(T) = \int_{T_0}^{T} \mathrm{d}t J(t) \exp\left(-\frac{t-T_0}{\tau}\right) + Q(T_0)\exp\left(-\frac{t-T_0}{\tau}\right) \quad (7-40)$$

根据 CRRES 的结果,泄漏时间常数 τ 大约为半小时至几个小时。对于双星卫星,所使用的泄漏时间常数为 1h。

7.4.10　带电粒子的穿透效应

对于运行在地球辐射带中航天器的介质深层带电,我们主要关注在 $0.01\sim20\mathrm{MeV}$ 能量范围的电子和质子通量,更高能量电子和质子的通量非常小。电子和离子可穿透到不同的深度,这与能量有关。在 $0.01\mathrm{MeV}$ 以下,电子和质子的射程近似相等;在 $100\mathrm{MeV}$ 以上,质子穿透比电子深。穿透到不同深度的电子和质子可能在材料中滞留几天或几月,该时间与材料电导率有关。积累和逐步增加的内部电荷最终会建立起强电场(高斯定理),这个特性就是产生介质深层带电的原因。

对于所关注的航天器相互作用,带电粒子的透入和沉积可能造成以下五种效应。

(1)电子-离子对。因为带电粒子会导致激发和电离,电离水平会沿着穿透轨迹以及其附近增加,特别是当初始带电粒子减速至几千电子伏和几百电子伏,甚至几十电子伏能量之时的电离水平更是如此,取决于材料的电导率,电子-离子对可能产生复合,尽管在一些材料中这个过程非常慢,但是无论怎样,净电荷的增加与电离数量无关。

(2)化学效应。因为出现了激发和电离,特别是当入射粒子的速度已经降下来时,会有辐射诱导化学效应产生,如着色、发光、化学变化等。作为一个夸张的说明,可以回忆一些电影中当某人暴露于强烈的放射线下后会变成发蓝光的人。

(3)对晶格的破坏。高能注入粒子可以使原子产生位移或将它们从其晶格位置移走,结果导致晶格缺陷出现,致使材料中的杂质水平增加。

(4)级联效应。如果一个原子发生高动量反冲,它可能造成级联电离或给晶格造成级联损伤。例如,快质子与材料中的原子发生迎面碰撞,可能会传递给原子一个很大的反冲动量,接着,就可能造成级联效应。迎面碰撞通常是导致航天器电子设备单粒子翻转(SEU)的原因。

(5)高内部电场。当电场高于一定的临界值时,就可能发生电介质击穿。材料中局部电导率会出现突变,进而引发材料内部出现弧光放电。这种类型的效应就是研究介质深层带电的一个主要原因。

第8章　深层带电地面模拟实验

由于深层充放电效应在轨探测的高成本和操作的不便,地面模拟实验成为研究深层充放电效应的必要手段。目前,国外已建立了多种深层充放电模拟装置。本章将对国外应用的航天器深层充放电地面模拟装置进行介绍,重点介绍了中国科学院空间科学与应用研究中心组建的卫星深层充放电模拟装置的组成特点、电子束流强度的测量以及不同实验条件下航天器介质材料的深层充电实验结果。

8.1　国外地面模拟装置

8.1.1　CEETC2 和 CEETC3 装置

美国 NASA 马歇尔空间飞行中心两套高能综合环境系统 CEETC2 和 CEETC3 分别在 1990 年和 1996 年完成并投入使用。

CEETC2 综合环境模拟系统采用两台 Van De Graff 加速器来产生电子和质子,使用太阳模拟器来产生近紫外辐照。其真空度可达 1.3×10^{-5} Pa,电子辐照能量范围为 100 ~ 400keV,质子辐照能量范围为 500keV ~ 2.5MeV,辐照面积为 10cm × 10cm,近紫外辐照(太阳模拟器)为 2.5SC。

CEETC3 综合环境模拟系统(图 8 - 1)的真空抽气系统采用离子泵,使用了两台静电加速器来产生高能量的电子和质子,1 台电子枪来产生 1 ~ 50keV 的电子;使用汞氙灯来产生近紫外辐照,氘灯来产生远紫外辐照。其真空度可达 6.7×10^{-6} Pa,电子辐照能量范围分别为 1 ~ 50keV 和 200keV ~ 2.5MeV,质子辐照能

图 8 - 1　CEETC3 综合环境模拟系统

量范围为 50keV～1MeV,辐照面积为 5cm×5cm,近紫外辐照(汞氙灯)为 10SC,远紫外(氘灯)为 10SC,退化原位测量包括太阳吸收率、反射率和透射率。

8.1.2 REEF 装置

英国 REEF 装置(Realistic Electron Environment Facility)属于英国国防科技集团 Qinetiq。该装置由一个真空罐(真空度可达 10^{-5}Pa),Sr90β 放射源及温控样品台(样品台温度在 -10℃ 和 40℃ 之间,±1℃ 可调)组成,REEF 装置的实物图如图 8-2 所示。由于 Sr90β 放射源能谱与地球同步轨道最恶劣条件下的电子能谱分布接近,因此该装置主要模拟地球同步轨道的辐射环境。

图 8-2 REEF 装置的实物图

8.1.3 SEMIRAMIS 和 SIRENE 装置

法国 ONERA 在 20 世纪 90 年代建成了两套高能综合辐射环境模拟系统。图 8-3 为 SEMIRAMIS 综合模拟实验系统的实物图,其真空度可达 1.3×10^{-3}Pa,电子辐照能量范围为 200keV～2.5MeV,质子辐照能量范围为 200keV～2.5MeV,辐照面积为 12cm×12cm,紫外辐照为 0.5～5SC,温度环境为 -50～80℃,效应测量包括太阳吸收率、反射率和透射率。

图 8-3 SEMIRAMIS 综合模拟实验系统

SIRENE 综合模拟实验系统位于法国 Toulouse 的 CNES 中心。该装置主要采用电子加速器模拟大的地磁活动下地球同步轨道辐射环境,电子能量为 10 ~ 400keV。SIRENE 主体由三节水平放置的圆柱形真空罐组成($L = 1.5m$,$\Phi = 0.5m$),真空度可达 10^{-6}Pa,装置的样品台温度在 −180 ~ 100℃ 间可调。装置辐射源包括一个 VandeGraaff 电子加速器(100 ~ 400keV)和一个电子枪(1 ~ 35keV)。实物图如图 8 − 4 所示。

图 8 − 4   SIRENE 综合环境模拟实验设备实物图

8.1.4   日本武藏工业大学装置

日本武藏工业大学的实验装置包含一个小真空罐及最高电压 100kV 的电子发射极,其装置原理图和实物图如图 8 − 5 和图 8 − 6 所示。该装置主要用于测量电子辐照下介质内空间电荷分布。高压脉冲加载在压电薄膜上,压电薄膜产生应力波传输通过介质,应力波穿过介质时介质内电荷发生微小位移,介质内电荷的位置变化引起介质表面电荷分布的变化,因此通过探测介质外部电流的变化即可得到介质内的电荷分布情况。测量的分辨率与高压脉冲宽度及 PVDF 薄膜的厚度有关,例如在测量厚度为 180μm 的介质内电荷分布时采用厚度为 9μm 的 PVDF 薄膜和 500ns 宽的高压脉冲,而当测量厚度为 50μm 的介质时,PVDF 薄膜采用厚度为 4μm 而宽度为 1ns 的高压脉冲。图 8 − 7 为 180μm 厚 Kapton 薄膜在 125keV 电子辐照下 2min 内电荷分布的测量结果。

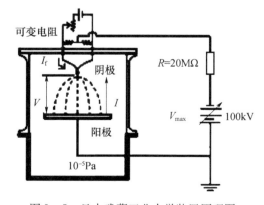

图 8 − 5   日本武藏工业大学装置原理图

图 8 - 6 日本武藏工业大学装置实物理图

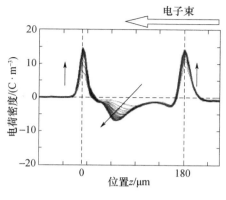

图 8 - 7 测量结果

8.2 卫星深层充放电模拟实验装置

中国科学院空间科学与应用研究中心的卫星深层充放电模拟装置主要由真空系统、温控系统、辐照源和测量系统组成,装置原理图和实物图如图 8 - 8 和图 8 - 9 所示。

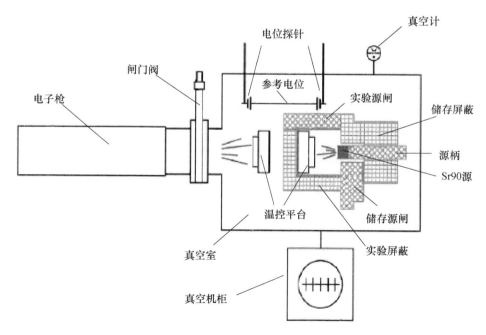

图 8 - 8 模拟实验装置的结构图

图 8 - 9　模拟实验装置的实物图

8.2.1　真空系统

模拟装置的真空系统包括真空罐、机械泵和分子泵等。真空罐为长方体（约为 $0.5\text{m} \times 0.5\text{m} \times 1.5\text{m}$），其中一面开口水平开合，便于实验样品放置。在经机械泵和分子泵近 10 个小时抽成真空后，罐内真空度可以达到 $1 \times 10^{-4}\text{Pa}$。机械泵和分子泵的单次运行时间不少于两个月，保证了深层充放电装置对真空环境的模拟要求。

8.2.2　温控系统

不同的温度将导致介质材料的电阻率不同和材料内电荷泄放的时间不同，进而影响介质材料的表面电位变化过程，因此温度是在深层充放电实验的一个重要参数。航天器介质材料在日照面和背日面时往往经历较大的温度变化范围。为了模拟介质在空间的温度变化情况，深层充放电模拟装置设计加工了半导体温控台，如图 8 - 10 所示。半导温控台处于真空罐内，实验期间样品置于温控平台上，温度范围为 -50~100℃，调节精度为 ±1℃。

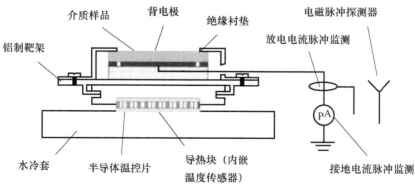

图 8 - 10　模拟实验装置温控样品台示意图

8.2.3　辐照源

装置中的辐照源有电子枪和 Sr90 放射源两种。电子枪集成在真空罐上，Sr90 放射源处于真空罐屏蔽体内。电子枪能量范围为 5 ～ 100keV，可以提供 pA/cm^2 至 $\mu A/cm^2$ 量级的束流强度，主要用于研究介质材料的电阻率等参数对深层充电过程的影响。Sr90 放射源的电子能谱分布和 GEO 轨道恶劣环境相似（如图 8 - 11），其电子能量与外辐射带的电子能量相当（0.1 ～ 2.2MeV），半衰期为 28 年，能谱稳定，可用于模拟 GEO 轨道环境下样品的深层充电过程。

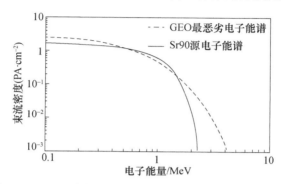

图 8 - 11　Sr90 放射源能谱与 GEO 恶劣环境电子能谱比较

8.2.4　测量系统

测量系统包括表面电位计、弱电流计、罗氏线圈和电场脉冲探测仪等，用于测量样品的表面电位、泄漏电流、放电脉冲和电磁脉冲等。其中，表面电位计的量程为 ±20kV，精度为 ±1kV。采用非接触式测量介质表面电位，可在不破坏介质深层充电过程的同时满足测量要求。罗氏线圈可测量电流脉冲最大频率为 200MHz，脉冲最小上升时间为 2.5ns，量程为 1000A，精度为 0.5V/A，可满足深层放电电流的测量要求。电场脉冲探测仪如图 8 - 12 所示，测试频率最大值为 1GHz，精度为 ±1.5dB，可测量强度 1V/m ～ 1MV/m 的介质放电电场脉冲信号。

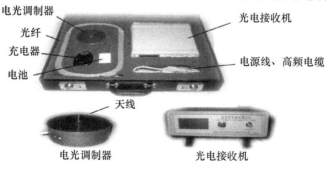

图 8 - 12　电场脉冲探测仪

8.2.5　实验过程

实验前对样品进行干燥处理,同时在其背部镀上电极,后置于温控台上。实验设置如图8-13所示。电子枪或放射源位于样品的正前方,电子束辐照在样品的正面上。样品的其余部分由厚度为5mm的铝板进行屏蔽。电位探头位于样品上方的零电位处,探测时停止电子辐照,将探头迅速下降至样品辐照部位前2cm处。由于样品表面电位衰减缓慢,探

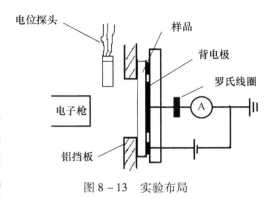

图8-13　实验布局

测对样品表面电位的影响较小。样品电流经背电极引出穿过罗氏线圈后接电流表。由于样品的表面电位主要是由内部沉积电荷量和沉积深度决定的,通过监测表面电位的变化,可以在不破坏样品的前提下连续测量,进而结合背电极电流等其他参量监测出样品深层的充电过程。

8.3　辐照源束流强度的监测

在航天器介质深层充电的模拟实验中,辐照电子束流强度是十分重要的参数。不同束流强度的电子辐照会导致介质不同的充电效果,当电子束流强度过低时,介质的充电过程将十分缓慢甚至在较低的电位条件(几十伏)下即达到充电平衡;而当电子束流强度过高时,介质可能在极短的时间内即发生放电,无法监测其充电现象。

因此在实验前必须测定辐照源在不同条件下的束流强度。卫星深层充放电模拟装置的辐照源包括电子枪和Sr90放射源,辐照束流均为电子束,可采用法拉第杯测量其束流强度。

实验测量采用的法拉第杯结构如图8-14所示。法拉第杯外层为3mm的铜屏蔽,内部采用聚四氟乙烯绝缘,内层为铝制结构。铝制杯底的最大厚度为3cm,可以满足卫星深层充放电模拟装置最大能量电子的测量要求。法拉第杯的杯口直径为1cm,杯口至杯底的深度为3cm,当束流均以垂直方向入射

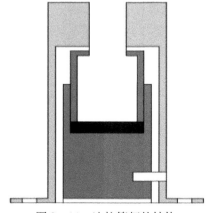

图8-14　法拉第杯的结构

时,由几何结构可以计算出逸出杯口的电子数小于 0.5% 。

8.3.1　电子枪束流强度的监测

卫星深层充放电模拟装置采用的电子枪为 EK − 100 − FL 型电子枪,可提供能量 5 ~ 100keV,束流强度 1pA/cm² 至 10μA/cm² 的电子束流。电子枪束斑直径为几十厘米,完全覆盖样品台。在调节好电子枪的能量后,通过调节电子枪灯丝电流改变辐照电子的束流强度,由法拉第杯直接测量,其结果如图 8 − 15 所示。由图 8 − 15 可见,不同能量的电子束流强度与灯丝电流成指数关系;电子枪灯丝电流必须大于一定值时才有电子束流;在电子束流能量较低时,电子束流强度随电子能量的变化较明显,但随着电子能量的增加,在相同的灯丝电流强度下,不同能量电子的束流强度之间差别减小。

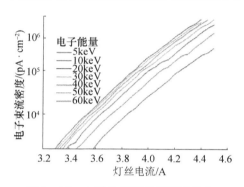

图 8 − 15　电子枪束流强度随能量和
灯丝电流的变化

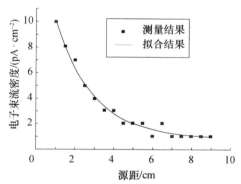

图 8 − 16　放射源束流强度随源距的变化

8.3.2　放射源束流强度的监测

Sr90 放射源的半衰期为 28 年,发射能量从 0.1MeV 到 2.2MeV 的电子,其束流强度和能谱分布都与 GEO 轨道环境相接近,因此是空间电子辐射环境很好的模拟手段。卫星深层充放电模拟装置中 Sr90 放射源置于真空罐内屏蔽体中,实验时通过调节放射源与样品间的距离来改变电子束流的强度。由法拉第杯测量所得的电子束流强度与放射源距离如图 8 − 16 所示。由图 8 − 16 可以看到,在近距离处,放射源电子束流强度随源距成指数衰减;但在较长源距(8cm)以后,电子束流强度(1pA/cm²)基本不变,这与放射源屏蔽体内的结构相关。

8.4　不同辐照条件下介质的深层充电过程

8.4.1　不同能量电子辐照下介质的充电过程

航天器介质的充电过程与入射电子的能量密切相关。当电子能量过低,为几电子伏到几百电子伏时,电子仅是附着在介质的表面。此时,若航天器处在等离子环境中,由于电子热运动速度大于离子速度,因此航天器表面带上负电位,最高可达几万伏。当电子能量为几千电子伏时,入射电子撞击航天器介质表面产生的二次电子数量若大于入射电子数量,则介质表面带上正电位。当电子能量继续提高时,入射电子将沉积在航天器介质中,航天器介质表面出现较高的负电位。若电子能量足以穿透航天器介质,则在此能量电子辐照下介质表面的负电位将再次降低,取决于航天器介质内最终沉积的电荷量。

不同能量的电子和质子在铝中的等效射程如图8-17所示。对于普通航天器来说,其外屏蔽层等效厚度(等效铝)为 30mil(即 0.76mm,1mil = 0.0254mm),因此若定义深层充电为航天器内部介质的充电现象,则入射电子的能量需大于300keV。但对于航天器外部介质,若定义深层充电为介质内部的充电现象(区别于介质表面),则能量可以低于 100keV 的入射电子也可以形成深层充电现象。

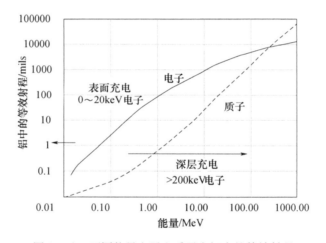

图 8 - 17　不同能量电子和质子在铝中的等效射程

由于卫星深层充放电模拟装置中 Sr90β 放射源的电子能谱固定,为了研究不同能量的电子对深层充电过程的影响,实验采用了电子枪作为辐照源,电子能量采用了 20keV、40keV 和 60keV;介质材料采用了航天器上常用的聚酰亚胺薄膜,不同能量的电子在聚酰亚胺薄膜中的射程如图8-18所示,为了与上述电子能量相应,薄膜的厚度选为 50μm。

辐照电子束流强度采用了 20pA/cm^2,实验装置如图8-13所示。在经历约350min 辐照后,聚酰亚胺薄膜表面电位的变化过程如图8-19所示。图8-19表明了介质的表面电位随着入射电子能量的增加而降低,且越快趋于平衡。

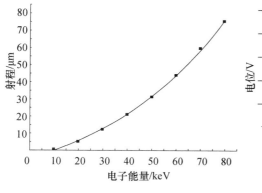

图 8 – 18　不同能量的电子在
聚酰亚胺中的射程

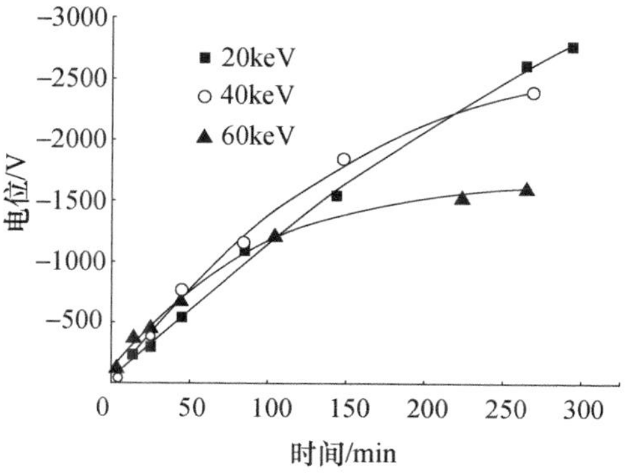

图 8 – 19　不同能量的电子辐照下 Kapton
薄膜表面电位的变化

从图 8 – 19 可以看出,电子能量越高,样品的表面电位越快趋于平衡,平衡电位越低。根据 Gross 宏观电路模型,深层充电电位平衡时间常数为 $\tau = \varepsilon D \sigma_{\rm ric}^{-1} (D - L)^{-1}$,式中 ε 为介电常数,D 为介质厚度,$\sigma_{\rm ric}$ 为辐射感应电导率,L 为电子射程。平衡时间常数公式中,$\sigma_{\rm ric}^{-1}$ 与 $D/(D - L)$ 相比为极大量,因为电位平衡时间常数 $\tau \propto 1/\sigma_{\rm ric} \propto 1/E$,即电位平衡时间反比于入射电子能量,入射电子的能量越高,样品的表面电位达到平衡所需的时间越短。当电子射程低于样品厚度时,在相同强度的电子束流辐照下,若电位达到平衡的时间越短,则样品内部累积的电荷 $I_0\tau$ 越少,相同厚度样品的表面电位越低,如图 8 – 19 所示,20keV 电子辐照下的样品表面电位达到了 – 2500V,而 60keV 电子辐照下的样品表面电位仅达到了 – 1500V。

8.4.2　不同束流强度的电子辐照下介质的充电过程

电子束流强度对介质充电过程的影响是十分明显的。若束流强度过低,则介质内沉积的电荷被迅速的泄放,这样介质将无法充上较高电位形成危害。若束流强度过高,则电荷泄放比例较小,介质内沉积的电荷所建立的电场迅速变大,在短时间内介质将很快击穿放电,这样介质内大部分电荷被放电电流所带走,同样无法监测在介质表面逐步的电位变化过程。因此观察辐照电子束流强度的影响,对深层充电过程的研究是十分必要的。

在实验期间,辐照电子的能量保持为 20keV,介质样品为 50μm 的 Kapton 薄膜,实验结果如图 8 – 20 所示。由图 8 – 20 实验结果可以看出,随着电子束流强度的增强,介质内深层充电平衡时间明显缩小,在辐照初始时刻介质表面的电位迅速上升。

样品内部电荷随着辐照的持续在不断累积和泄放,最终达到一个平衡状态,电位平衡时间常数为 $\tau = \varepsilon D \sigma_{\rm ric}^{-1}(D-L)^{-1}$。根据 Gross 宏观电路模型中 $\sigma_{\rm ric}$ 和 I_0 的关系,得到 $\tau = \varepsilon D(aL\delta)^{\Delta}(I_0 E \times 10^5)^{-\Delta} k_{\rm r}^{-1}(D-L)^{-1}$,可知 τ 与 I_0^{Δ} 成反比,即随着束流强度的变大,样品充电达到平衡所需的时间变短,这在图 8 – 20 实验结果得到体现。根据相关研究结果,电荷迁移区电容 $C_{\rm b}$ 上的累积电荷可以近似为

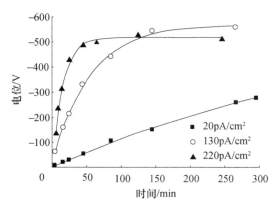

图 8 – 20   不同束流强度的电子辐照下 Kapton 薄膜表面电位的变化

$Q = I_0\tau = I_0\varepsilon D \sigma_{\rm ric}^{-1}(D-L)^{-1}$,由此可以得出电位平衡期间样品表面电位与入射电子束流强度的关系,即 $V_{\rm s} \approx I_0 R + Q/C_{\rm b}$,代入 R 和 Q 与入射电流 I_0 的关系,可以得到 $V_{\rm s} \approx I_0\sigma_{\rm ric}^{-1}[La^{-1} + \varepsilon D(D-L)^{-1}C^{-1}]$,即 $V \propto I_0\sigma_{\rm ric}^{-1} \propto I^{1-\Delta}$,样品的平衡电位与电子束流的强度指数形式 $I^{1-\Delta}$ 成正比。由于 Δ 随材料的不同在 0.5 至 1 间取值,可知样品充电平衡后的表面电位并不与入射束流的强度成线性关系,并且随着入射束流强度 I_0 的增加,不同束流强度辐照下样品最终达到的平衡电位间差值 $\mathrm{d}V/\mathrm{d}I_0$(即 $I^{1-\Delta}$)也变小。因此,图 8 – 20 中 130pA/cm² 和 220pA/cm² 电子辐照下所达到的平衡电位是接近的。

8.4.3   不同厚度介质的充电过程

NASA 的 HDBK – 4002 手册中建议,不要让暴露的电路板面积超过 3cm² 以上。介质的宽度或厚度过高,将使其内部的电荷相比于较薄或较窄的介质更难以泄放,在介质单面接地的情况下,也使得接地一侧高场强区域过宽,直接导致介质表面的电位明显增加。在单面接地的情况下,用 40keV 电子和 Sr90 放射源分别对不同厚度的 Kapton 薄膜和聚四氟乙烯薄片进行辐照,其电位测量结果如图 8 – 21 和图 8 – 22 所示。由图 8 – 21 和图 8 – 22 可以看出,厚度高的介质其表面电位明显增加,且趋向的平衡电位更高。

样品厚度 D 的改变将直接影响样品电荷迁移区厚度 $D-L$ 的大小,由 $C_{\rm b} = \varepsilon a/(D-L)$ 可推知厚度越大的样品,迁移区电容 $C_{\rm b}$ 越小,在相同的累积电荷 Q 条件下,迁移区电位 $V = Q/C_{\rm b}$ 越大,进而在相同强度和能量电子束流辐照下导致高厚度的样品表面电位明显上升,图 8 – 21 中 50μm 的样品在 300min 辐照后的电位为 – 2000V 左右,而 175μm 的样品在相同时间内电位却达到了 – 8000V。过高的表面电位将导致更大的放电风险,因此在一定条件下,适当地减少绝缘介

质材料的厚度有利于深层充放电的防护。

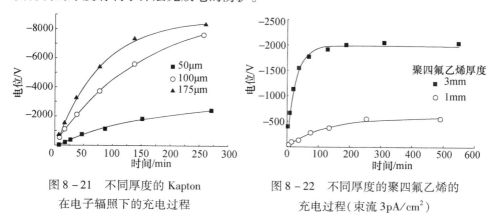

图 8 - 21　不同厚度的 Kapton
在电子辐照下的充电过程

图 8 - 22　不同厚度的聚四氟乙烯的
充电过程(束流 3pA/cm²)

当改变介质的接地方式为两侧接地时(图 8 - 23),可以比较不同宽度介质的深层充电效果。实验采用 Sr90 放射源作为辐照源,辐照电子通量为 $3.5 \times 10^7 \mathrm{cm}^{-2}\mathrm{s}^{-1}$。介质条的厚度分别为 1.5mm 和 4.5mm,介质材料采用环氧树脂,得到的实验结果如图 8 - 24 所示。

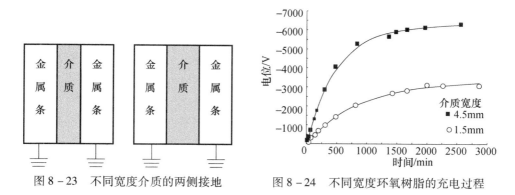

图 8 - 23　不同宽度介质的两侧接地

图 8 - 24　不同宽度环氧树脂的充电过程

由实验结果可以看出,不同宽度介质在相同辐照条件下的充电效果与不同厚度的介质相似,宽度大的介质表面上升快,且趋向的平衡电位高。由计算结果可知,在假定相同的面电荷密度条件下,不同宽度的介质表面电位近似为

$$v = \frac{S\sigma}{4\pi\varepsilon}\left[\ln(L/2 + \sqrt{L^2/4 + d^2}) - \ln(-L/2 + \sqrt{L^2/4 + d^2}) \right]$$

式中:S 为介质的宽度;σ 为面电荷密度;L 为介质条的长度;d 为测量距离。在 S 趋于 0 时,相同 L 和面电荷密度 σ 条件下,若不考虑电荷泄漏,则介质的电位正比于介质条的宽度 S。因此图 8 - 24 中 4.5mm 宽条电位比 1.5mm 的窄条高。

8.4.4　其他材料介质的充电过程

实验还比较了相同条件下不同材料的深层充电过程。介质的材料为厚度

2mm 的聚甲醛树脂(Delrin)和聚四氟乙烯(Teflon)电路板。采用 Sr90 放射源的连续能谱电子进行辐照，保持电子束流强度约为 2pA/cm²，模拟这些材料在 GEO 轨道的深层充电过程。在经历近 15h 辐照后，其实验结果如图 8 - 25 所示。聚甲醛树脂表面电位约为 - 1500V，而聚四氟乙烯的表面电位达到了 - 4500V。聚四氟乙烯的电阻率比聚甲醛树脂的电阻率高约 3 个量级，更大的电阻

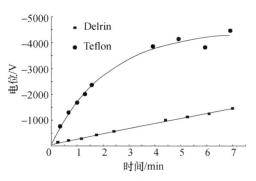

图 8 - 25　放射源对聚甲醛树脂和聚四氟乙烯辐照实验结果

率导致更多的电荷累积在材料内部，进而使得样品表面的电位更高。

8.4.5　某卫星机构的深层充电过程

某卫星机构包括聚酰亚胺介质材料的衬底，与电源相接的金属环(0 或者 100V)，以及悬浮的金属环。对此机构用强度约为 2pA/cm² 的 Sr90 放射源电子进行辐照，48h 后停止辐照，继续在真空环境中保持该机构。图 8 - 26 是对悬浮金属环和介质圆盘的边缘测量到的电位结果，其中介质圆盘因形状不规则、电位探针的定位精度不高，导致测量结果一致性相对较差。经过 48h 的辐照，悬浮金属环和介质圆盘边缘分别被充至 - 4.8kV 和 - 3.2kV 电位；辐照停止后，经过 16h，悬浮金属环和介质圆盘边缘的电位分别降至 - 3.7kV 和 - 2.6kV。可见，该机构被高能电子束辐照后，会形成数值相差较大的电位分布，与电源相接的金属环(0,100V)周围悬浮金属和介质衬底的电位分别为 - 4.8kV 和 - 3.2kV，具有很高的放电风险；停止辐照后，电位降低得较缓慢，放电风险仍较高。

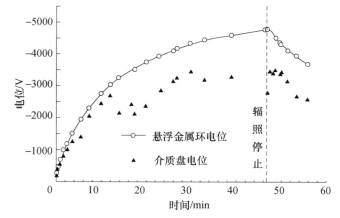

图 8 - 26　实验模拟 GEO 轨道电子对某卫星用机构的深层充电过程

第9章 航天器带电防护

9.1 概　述

航天器带电效应很早就引起了人们的注意,在航天器设计、空间实验、空间电子器件及航天器抗静电防护方面都是必须要考虑的。NASA 在广泛的基础理论、仿真分析和地面试验研究的基础上,制定并颁布了通用的"卫星抗带电控制设计和防护指南"(NASA – TP – 2361)、"飞行器在轨内带电效应防护"技术指南(NASA – HDBK – 4002)作为卫星设计阶段抗带电设计的指导性纲领。由于航天器带电及其危害与具体航天器的结构、运行环境、材料、电子线路的敏感度及有效载荷等有关,对不同型号的航天器,其带电防护大纲的要求是有差异的,所以 ESA 也制定了自己的"卫星带电标准"(ECSS – E – ST – 20 – 06C)。各空间公司(如 TRW、Hughes 等)在 NASA 指南的基础上制定了适合自身使用的设计规范,有效地提高了航天器带电效应防护设计的水平。

在航天器带电防护设计的过程中,所采用的带电效应防护方法可分为被动防护和电位主动控制。其中,被动防护是指通过结构设计、材料选择、接地设计等方法,对航天器带电效应进行控制,将航天器带电危险减至最小。电位主动控制是采用粒子发射装置,通过指令控制喷射带电粒子以降低整星结构和表面的电位,将整星表面电位保持在安全水平。

早期,航天器抗带电设计均采用被动防护方法,这是因为早期受航天器技术的限制:一方面使用的电子设备体积较大,而精度要求不高,航天器自身冗余设计基本能够满足抗带电任务需求;另一方面,尚未掌握航天器充电的机理和发生放电的规律,不具备主动干预航天器带电行为的能力。

随着微电子电路、新型复合材料等新技术和新材料在空间的应用及高压供配电部件的使用,对静电防护的要求越来越高,仅靠被动防护措施已无法保证航天器圆满地完成任务。20 世纪 90 年代后期,电位主动控制技术逐渐发展成熟,此项技术可将航天器的电位控制在安全水平,从而有效地避免各部件因表面带电效应导致的性能衰退或故障。

目前,航天器抗带电设计时,都采取主、被动防护措施兼顾的设计方法。

9.1.1 被动防护

航天器带电的被动防护主要是通过材料选择、接地设计、屏蔽等措施,对航天器带电效应进行有效控制,以降低航天器带电危害。

航天器所用材料的特性(包括二次发射系数、背散射系数、光电子发射率、电导率和介电常数等)将对带电效应产生影响。不同材料的电荷储存能力不同,为了避免不等量带电,在航天器防带电设计时,需要通过材料特性的匹配选择,来保证材料在满足功能要求的同时,使航天器表面的电位差低于放电阈值。为此,NASA 在空间环境及其效应研究计划(SEE)中,全面测试了材料的光电子、二次电子、背散射电子和辐射电导率等参数。这些材料特性参数的获取对确定带电电位、电势梯度、充电速率和放电阈值起着关键作用,从而保证了在航天器设计阶段能够合理地选择材料,将带电效应的潜在威胁降至最低。

接地也是常用的整星防带电设计方法,在航天器研制过程中将材料选择与接地相结合,是保证航天器充电电位最小化的重要方法。NASA 航天器带电评估及控制指南(NASA - TP - 2361)和 ESA 卫星带电标准(ECSS - E - ST - 20 - 06C)中都详细规定了接地标准:卫星上所有表面直接暴露于等离子体环境的导电单元必须通过电气接地系统连接在一起;所有暴露于空间等离子体环境的薄导电表面必须电气接地于公共卫星结构地;导电表面上的任意一点与接地点的距离必须小于规定值;所有电气地及电子地必须直接连接到卫星结构地。

屏蔽技术是保证星上电子仪器设备安全的重要防护措施。NASA 在总结地面验证实验结果和长期飞行设计经验后指出:表面屏蔽优先,避免单个屏蔽;总的屏蔽要求是,卫星结构必须具有最小开口,尽量减少设备内部的电缆布线,应用最短的接地线并减少平行线根数。

为了避免航天器内部电子器件受到航天器外部放电脉冲的影响,NASA 航天器带电评估和控制指南 TP - 2361 指出,所有屏蔽都应该提供对表面放电相关的电磁场辐射至少 40dB 的衰减。屏蔽应使用良好接地的金属网孔和金属板,从而使航天器内部结构处于电磁干扰相对密封的环境。应该尽可能减少开口、孔洞和裂缝的数量,以保持屏蔽的完整性。

对于处于航天器外部电缆的屏蔽,TP - 2361 中指出:应该由铝或铜等导电良好的金属薄片或金属带制作,避免使用金属化的塑胶带对电缆进行屏蔽保护。当屏蔽层从外部延伸进入航天器结构时,应该对其进行合理的接地。导线上的编织防护层都应该焊接到总防护层上,并与航天器结构地连接,不应该采用传统的通过一个接线插脚连接到航天器内部位置的方法。此外,指南还指出电连接器等组件都应该进行电防护,并且所有的屏蔽防护罩要与航天器系统共同的结构地进行电连接。

充放电产生的电磁脉冲干扰通常是从电源线、信号线和地线阻抗网络进入航天器电子系统的。针对这种特点,国外通过采用电源线和信号线的合理屏蔽及接地设计,来减弱或消除电源线和信号线上的传导干扰。国外为了消除充放电干扰,还综合考虑了过压防护技术和接地技术,研制了放电防护装置,可有效地避免放电脉冲带来的危害。SEE 和其他 NASA 计划支持的地面测试数据显示:将卫星外部进入星内的导线和遥感探测部件连线以及其他电子部件进行隔离,可有效地避免外部放电脉冲耦合进入卫星内部。

　　NASA Glenn 研究中心和俄亥俄空间研究所实验表明,在信号频谱允许的条件下,应该在卫星接口电路输入端抑制寄生脉冲电流干扰信号,并采用雪崩二极管或者快速限幅二极管进行过压限幅保护。在卫星接口电路端使用过压保护技术也是一种有效方法,过压保护电路应尽量靠近所要保护的电路,并缩短连接电缆的长度,以保证接口电路抗干扰技术的有效性。

9.1.2　电位主动控制

　　在 20 世纪 70 年代,航天器因表面充电电位过高出现的多次故障就已经引起了人们的广泛注意。1973 年,美国空军的 DSCS – 9431 卫星因放电导致通信单元供电丧失,最终完全失效。此后,美国 NASA 和空军开始联合开发航天器电位主动控制技术。

　　1973 年,ATS – 6 地球同步轨道卫星在开展 Cs 离子推进器推力性能实验时,发现当推进器工作时,卫星表面电位可以得到有效地控制。随后,各科研机构相继开发了多种卫星电位控制技术,如等离子体发射技术和电子发射技术等,并在空间进行了实际搭载测试。

　　1979 年 4 月发射的 SCATHA/P78 – 2 卫星搭载了三种电位主动控制装置,包括电子枪和能够发射热电子的热丝,以及能够单独发射 Xe 离子或混合发射 Xe 离子与低能电子的等离子体发射装置,如图 9 – 1 所示。试验表明,发射荷电粒子束,可以有效地泄放或中和卫星表面的积累电荷。

　　1995 年,DSCS – Ⅲ卫星也开展了发射氙等离子体法的电位主动控制技术在轨验证实验。飞行实验结果再次验证了 SCATHA 的实验结果。1996 年发射的极轨 Polar 卫星采用

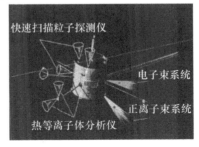

图 9 – 1　SCATHA/P78 – 2
卫星电位主动控制实验

PSI(Plasma Source Instrument)对卫星的结构电位进行了有效的控制。PSI 以氙气为工质,其工作原理是将氙气离子化,形成中等浓度的等离子体,并喷射出去,在卫星表面与环境等离子体间建立电荷自由移动的通路,也即等离子体桥。图 9 – 2 是 PSI 电位主动控制效果。

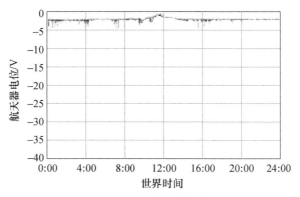

图 9 - 2　PSI 主动电位控制效果

无论是早期的 SCATHA 电位主动控制实验结果,还是后来的 DSCS、Polar 等卫星对电位主动控制技术的实际应用效果,均证明了发射等离子体法的电位主动控制技术是切实可行的。在电位主动控制器的研制方面,NASA 的 PSPOC 和 AFGL 的 FMDS 电位主动控制装置是最为成功的。

航天器电位主动控制是以保证实现航天器功能为牵引的,只要能确保航天器任务的顺利完成,具体采用哪种电位控制方法,取决于任务成本。因此,除了上述发射等离子体法电位主动控制技术外,发射离子法也是常用的电位主动控制技术。

2000 年发射的 Cluster 卫星采用的电位主动控制装置称为 ASPOC。ASPOC 以金属钨为发射电极,金属铟为工质。工作电压为 4 ~ 9kV,功耗约为 0.5W,喷射的离子能量为 5 ~ 9keV,电流为 5 ~ 50μA。图 9 - 3 是 S/C - 1(未控制)和 S/C - 2(控制)的结构电位对比。

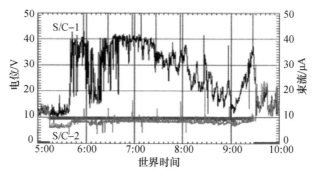

图 9 - 3　Cluster 卫星结构电位在轨测量结果(S/C - 1 未控制,S/C - 2 控制)

从实际使用效果来看,尽管发射铟离子的 ASPOC 电位主动控制技术获得了成功,但因其长期使用会带来铟离子电镀污染效应,不适用于长期任务。因此,发射等离子体法是电位主动控制的最佳方法。国外经验表明,由低能等离子体发射装置与表面电位监测装置组成的航天器电位控制系统是最有效且经济的主动防护手段,当航天器电位达到预定的警戒电位时,自动启动电位控制系统,将航天器电位控制在接近于 0 的低电位。

近年来,航天器电位主动控制技术开始向着小型化、模块化、低功耗和智能化方向发展。最具代表性的是美国电推进实验室(EPL)研制的 SHIELD(图 9 - 4),此装置包括内置的表面电位传感器和智能化等离子体源,SHIELD 技术指标如表 9 - 1 所列。通过自动电位传感器监测航天器的表面电位,并将危险充电状态信号传递给控制系统,通过控制系统分析并启动等离子体源,利用低能电子和离子束流控制航天器的表面电位。

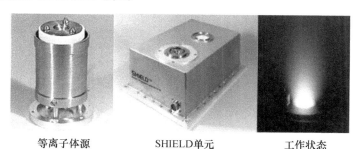

等离子体源　　　　　SHIELD单元　　　　　工作状态

图 9 - 4　SHIELD 实物图

表 9 - 1　SHIELD 参数

功率/W	30W(最大工作功率50W,60s 冷启动时间)
总线电压	28V + 6V(DC)
气体工质	Xenon,流量控制 0.03mg/s
离子电流	最大到 10mA
电子电流	最大到 1000mA
离子能量	10 ~ 20eV
电子能量	≤1eV
工作寿命	15000h
开/关次数	10000
质量	6.3kg(包括 1.8kg 的 Xenon)
尺寸	17.8cm×27.9cm × 12.7cm

9.2　航天器带电抑制方法

正如前面所述,抑制航天器带电的方法分为两类:主动式和被动式。其中,主动式是通过命令控制;被动式是自主的。主要方法列于表 9 - 2。

表 9-2　航天器带电抑制方法概述

抑制方法	类型	物理原理	说　明
尖角法	被动式	场致发射	需要高电场;尖角的离子溅射;能减缓航天器导电性结构地的带电,但对绝缘介质无效,引起不等量带电
导电栅网法	被动式	防止形成高场强	周期性表面电位
半导电涂料法	被动式	提高电介质表面的电导率	抑制电介质表面带电。涂层的导电性会逐步发生变化
高二次电子发射系数材料	被动式	二次电子发射	仅适用于抑制能量位于($\delta(E)=1$)交汇点的初始电子
热灯丝法	主动式	热电子发射	限制空间电荷电流。仅用于减缓导电性地的带电,会引起不等量带电
电子束发射	主动式	电子发射	仅用于减缓导电性地的带电,会引起不等量带电
离子束发射	主动式	低能量离子返回	"热点"中和;对导电性地和介质表面均有效;能量足够大的离子可作为二次电子产生器;除非电荷交换,否则无法减缓能量低于离子发射能的电位
等离子发射	主动式	发射电子和离子	比单独发射电子或离子更有效
蒸发法	主动式	蒸发会吸附电子的极性分子	对导电性和非导电介质表面均适用;不适用于深层带电;可能产生污染
金属基介质	被动式	提高介质表面的导电性	抑制介质深层带电;使用时必须注意材料均匀性;需要研究金属基介质的电导率和控制

　　作为一种选择,主动式带电抑制方法可以分为两种:方法 1 为发射电子,方法 2 为接收离子。第一种方法是采用装置吸取航天器结构地的电子,并将电子发射到空间。这种方法能有效地减少航天器结构地的负电荷,但是无法抑制电介质的表面电位。结果,导致在航天器导电性结构地与电介质之间发生不等量带电,这种不等量带电可能会带来比之前更大的风险。另外,当发射大电流、高能量电子束时,航天器的电位屏蔽可能会覆盖附近的表面,如长杆的表面,导致电流在表面之间传导。第二种方法,正离子到达带有负电位的航天器。该方法能够有效地减缓整个航天器的带电问题,因为离子会中和负电荷,因此对电介质表面或导体均有效。正离子可能会有选择地进入负电位较高的"热点"区域。此外,如果这部分离子具有足够的能量,其撞击表面的作用就如同二次电子发射器,二次电子会受到表面负电位的排斥而离开,会带走一部分负电荷。因此,第二种方法能有效地减小航天器的不等量带电问题。其缺点是,长期使用可能会消耗整个航天器表面的涂层。建议在具体防护中将两种方法结合。下面对表 9-2

列举的各种抑制航天器带电方法进行讨论。

9.2.1 尖角法

带电表面锋利的尖角突出会产生非常高的电场 E（图 9-5）。尖角电场强度 E 与 r^{-2} 成比例,这里 r 是尖角的曲率半径。在足够高的电场下,电子的场致发射会降低与尖角相连附近导电表面的负电位。场致发射电流密度 J 由 Fowler - Nrdheim 方程给出,即

$$J = AE\exp(-BW^{3/2}/E) \qquad (9-1)$$

式中:A、B 是常数;W 是功函数。

这是一种方便、被动的方法,不需要指令或控制。它的缺点是,电子发射仅吸收航天器导电性结构地的电子,因此,正如前面所述,会带来不等量带电的问题。另一个缺点是,离子的溅射会造成尖角钝化,降低场致发射的效率。因为尖角的高场强容易吸收环境正离子,正离子碰撞尖角表面会撞出一些尖角处材料的原子。

缓解离子溅射的方法较多。一种方法是通过陶瓷涂层保护尖角,涂层可以阻止离子溅射,因为涂层内部离子碰撞穿越截面比电子的大得多。当离子达到尖角时,其速度已经很小。另一种方法是将尖角用筒仓包围起来(图 9-6)。电荷和离子在缓解地磁场中旋转,在电离层的地磁场是很强的,离子的旋转比电子具有更大的回旋半径。结果,部分离子可能只会碰撞筒仓,而不会触及尖角。筒仓有助于长时间保持尖角的锋利。

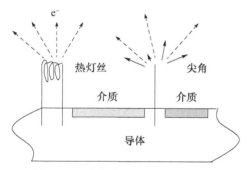

图 9-5 从尖角和热灯丝发射电子

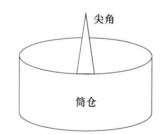

图 9-6 从尖角和热灯丝发射电子

9.2.2 热灯丝发射法

本方法中,电子由热灯丝发射,一般灯丝的材料都具有高熔点。由热力学方法可以得出发射电流密度 J 为

$$J = AT^2\exp(-W/kT) \qquad (9-2)$$

式中:A 是常量;W 是功函数;kT 是热能量。

接近或高于材料的熔点时,中子和离子被蒸发。离子电流密度 J^+ 与方程中电流密度 J 的形式相同,但是所取常数不同。

在热灯丝抑制带电过程中,热灯丝发射电子,但不会熔化(如果灯丝正在熔融,可能会落入其他类型的发射范畴,如离子发射或等离子体发射)。由于电子发射能够降低航天器结构地的带电水平,而不会降低介质表面的带电水平,可能会产生不等量带电。另外,因为热电子的能量较低,发射电流可能受到灯丝附近空间电荷饱和的限制。

9.2.3 导电栅网法

经常讨论的另外一种方法是采用一个导电栅网覆盖非导电表面。这种方法也存在一定缺点,尽管导线栅网能够保证导线栅网区域电位的均匀性,但在表面区域和栅网之间的周期性电压可能会扩展。这种方法非常方便,属于被动式。它仅用于部分情况,但不建议用于大多数情况。

9.2.4 局部表面导电涂层法

局部导电涂层的使用解决了上节提到的周期性电压的问题,该方法较为有效而方便。局部导电涂层材料包括正钛酸锌、阿洛丁和氧化铟。Frederickson 等已经讨论了许多航天器聚合物材料的特性。

这里有两种观点:①在电子、离子和原子(特别是氧原子)轰击时,包括电导率在内的表面材料特性会随着时间逐渐变化,这方面需要开展进一步的测试和研究;②金属原子进入聚合物的晶格结点空隙将产生金属化聚合物,这种金属化聚合物在不同用途下往往是不均匀的。

9.2.5 高二次电子发射系数法

高二次电子发射($\delta_{max} \geq 1$)系数仅适用于一定能量范围的初始电子(典型值大于 1keV),若超出该范围,二次电子发射将减小至小于平均值($\delta(E) < 1$),此时无法提供带电防护。一个典型的例子就是在 SCATHA 卫星上镀有铍-铜合金表面的 SC10 长臂,表面材料的 $\delta_{max} = 4$。在运行 114 天时,空间等离子体环境变为磁暴($kT \gg keV \cdot s$),长臂上的电位突然发生三次方跳变,从接近于零电位迅速跳变为千伏数量级负高压。

9.2.6 电子和离子发射法

总体来说,单纯的电子发射不能有效地降低航天器的负电位,这是因为从发射设备到介质表面是电气隔离的,介质表面并不受影响;相反,来自带高负电位航天器的低能正离子的发射则能有效地降低表面电位。在 SCATHA 上已经观测到了该方法的使用情况(图 9-7),并采用了计算机进行了仿真。

对这种似乎矛盾结果的一种物理解释是,低能离子受航天器负电位的吸引,不会移动太远,并会被迫返回航天器(图 9 - 8)。这种方法能有效地缓解不等量带电,甚至不会产生离子诱发的二次电子,因为离子由于吸引作用会自动朝着带更高负电荷的表面聚集。

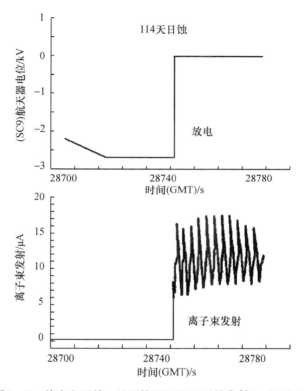

图 9 - 7 从充电至约 - 3kV 的 SCATHA 卫星发射 Xe⁺(50eV)

作为一种推论,如果系统中没有其他措施,单独发射离子的方法并不能很好地缓解带电,因为当航天器势能 $e\varphi$ 小于或等于离子的发射能 E_i 时,带电缓解过程会停止。

例如,如果表面电位较低的航天器(如 - 100V)发射较高能量的正离子(如 200V),离子将会逃逸,不会返回带负电的航天器表面。此时,航天器表面电位不能下降至低于 - 100V,人们已经观测到这种现象。

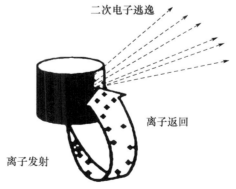

图 9 - 8 从带高度负电的航天器发射正离子,离子返回

然而,如果系统中有其他的抑制措施,这种现象就会改变。设想离子发射点附近的中性气体分子较丰富,正离子 A^+ 会和低能(热)中性分子 M 交换电荷,形成低能离子

$$A^+ + M \rightarrow A + M^+ \tag{9-3}$$

式中:M^+ 是热中性分子 M 产生的低能离子;电荷交换截面取决于样本的种类和所含能量。通常,截面随着离子能量的下降。电荷交换率取决于密度。

9.2.7 蒸发法

极性分子(如水)很容易吸附电子。这就是在干燥的冬天从地毯上走过以后,再去摸门把手时会产生静电火花的原因,但是潮湿的天气不会发生静电火花。一些极性分子(如 SF_6 气体)比水更容易吸附电子。CCL_4 分子也很容易吸附电子,在蒸发时,当液滴中电子的库仑力超过表面张力时,带电液滴会分裂成一些小的液滴。

$$CCL_4 + e^- > CCL_3 + CL^- + \Delta E \tag{9-4}$$

Murad 提出了一种通过在航天器表面喷涂极性分子液体微珠的方法控制带电。极性液体微滴吸附航天器表面的电子,受到表面电位的排斥而蒸发,并带走大量多余的电子,因此减小了表面电位。这种方法的优点在于,对金属和绝缘介质具有相同的带电抑制效果,从而能够降低不等量带电。与离子和等离子体释放法不同,长久使用这种方法不会破坏航天器的抗静电涂层。这种方法并不适于介质深层带电,同时也不适于表面严重污染的航天器。

9.3 航天器带电防护方法的新进展

9.3.1 星内静电放电防护涂层技术

正如第 7 章所述,空间环境中有大量 $0.1 \sim 100 \text{MeV}$ 的高能电子。空间高能电子穿过航天器屏蔽层,会在航天器内部材料表面或者介质材料内部沉积,形成电场进而产生放电,即航天器内带电效应。星内静电放电的评估与防护一直是中高轨道航天器设计中备受关注的重点问题之一,NASA、ESA 等都专门制定了相应的规范和标准。

航天器存在大量的电路板,这些电路板上的保形涂层(三防漆)都是绝缘的,在空间高能电子环境下,这些电路板表面很容易积累电荷,从而形成强电场。为了解决这一问题,20 世纪 80 年代美国研究人员提出了研制一种导电的防护涂层的设想。2004 年,波音公司开发了一种电导率可控的保形涂层材料,验证实验结果表明,使用该涂层并有效接地的样品具有良好的静电放电防护能力。

兰州空间物理研究所通过在常用三防漆内加入导电聚合物——聚苯胺纳米颗粒的方法获得了导电率可控的防护涂层材料,并在电子加速器中验证了其内部带电防护的效果,旨在为星内静电放电防护提供一种新的方法。

1. 防护涂层的制备

目前,星用电路板上广泛使用了保形涂层(三防漆),其具有防水、防潮、防尘"三防"性能和耐冷热冲击、耐老化、耐盐雾、耐臭氧腐蚀、耐振动、柔韧性好及附着力强等优良性能。在长期的在轨使用过程中,该类涂层也表现出了良好的空间环境适应性。因此,在保持三防漆原有优点的基础上,通过添加导电物质提高其抗内带电性能,是一种可行的方法。在综合考虑了空间环境适应性及在三防漆中的溶解性等因素后,决定使用酸掺杂聚苯胺(Polyaniline,PAN)纳米颗粒作为添加的导电聚合物材料。

(1) PAN 的制备。通过反相微乳液聚合法制备 PAN,其制备过程如图 9 - 9 所示。

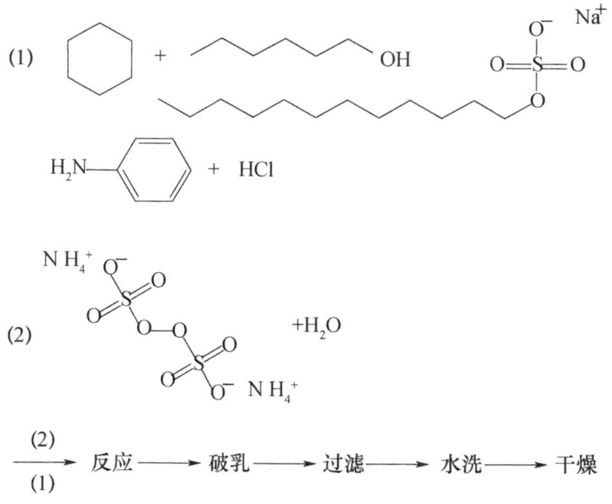

图 9 - 9　PAN 的制备过程

制备过程的原理是:在向微乳液中滴加过硫酸铵之前,苯胺以盐酸盐的形式溶解在 W/O 微乳液中的微小水滴中(图 9 - 10),这个水滴中的苯胺含量决定了最终形成的聚苯胺粒子的尺寸,由于每个水滴中所含的苯胺量有限,因而形成的聚苯胺粒子可以很小。加入过硫酸铵水溶液时,过硫酸铵分子扩散进含有苯胺的水相,在盐酸的作用下,发生氧化聚合反应,形成聚苯胺。在每一个微小水滴中,所发生的过程与溶液法合成聚苯胺的情况类似。每一个微小液滴相当于一个微反应环境,因此可以制备出纳米级的聚苯胺粒子。

使用上述方法制备的 PAN 纳米颗粒 D_{50} 大约为 300nm(图 9 - 11)。

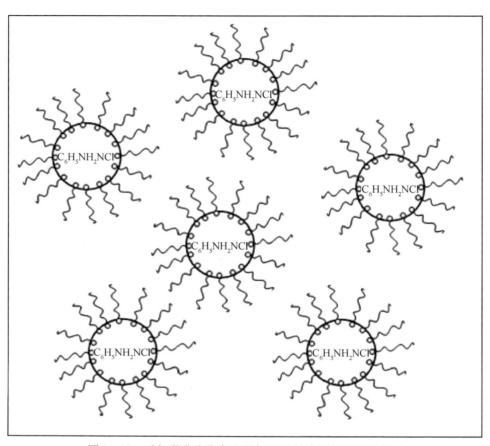

图 9 – 10   反相微乳液聚合法制备 PAN 纳米颗粒原理示意图

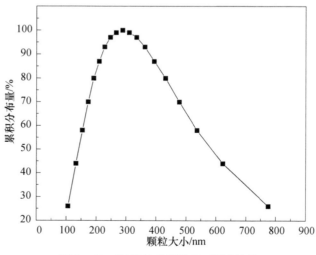

图 9 – 11   PAN 纳米颗粒 D_{50} 测试结果

（2）防护涂层材料的制备。在三防漆中先加入少量稀释剂,再加入已制备好的 PAN 纳米颗粒,搅拌均匀即可得到防护涂层材料。

采用常用的 MC313C 聚氨酯三防漆,以二甲苯和十二烷基苯磺酸钠为稀释剂,逐渐加入 PAN 纳米颗粒,发现 PAN 纳米颗粒在 5% 以下时均可表征较好的扩散性。防护涂层材料的电阻率随着加入的 PAN 纳米颗粒增加而降低,当 PAN 的含量为 5% 时,电阻率可下降 4 个数量级,见表 9 – 3。

表 9 – 3　电阻率测试结果

样品	电阻率/$(\Omega \cdot m)$
MC313C 三防漆	1.76×10^{17}
添加 5% PAN 的三防漆	1.16×10^{13}

2. 抗内带电效果的验证

试验验证按照上述方法制备的防护涂层材料的内带电防护效果,试验时,将裸露的和涂有不同涂层的 FR4 电路板样品置于模拟空间高能电子环境中,对比其在相同时间内的放电次数,以验证其抗内带电效果。

（1）试验样品。取 3 块 50mm × 50mm × 2mm 且材料、结构相同的 FR4 电路板样品（图 9 – 12）,进行如下处理:

① 分别用丙酮、乙醇溶剂清洗。放入含有 3% 的硅偶联剂的乙醇溶液中进行超声处理,用乙醇漂洗 3 次,悬挂放置 24h,自然晾干;

② 取两块样品涂上 MC313C 聚氨酯三防漆,再将其中一块涂上添加 5% PAN 的防护涂层,编号为 1#,另一块编号为 2#,未涂三防漆样品编号为 3#（图 9 – 13）。

图 9 – 12　FR4 电路板样品的结构

（2）试验条件及方法。试验中采用卫星内带电效应模拟试验设备（如图 9 – 14）模拟空间高能电子环境。试验设备包括 ILU – 6 高能电子加速器、电子散射板和真空室 3 部分。将样品置于真空室内,试验时由电子加速器发射的高能电子束流,经过散射板散射后进入真空室给样品充电。

(a)1#样品　　　　　　(b)2#样品　　　　　　(c)3#样品

图 9 – 13　试验样品

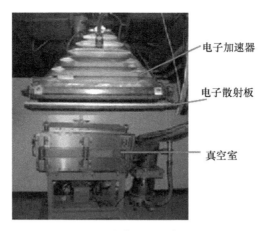

图 9 – 14　卫星内带电效应模拟试验设备

　　真空室内的 3 块样品放置在内带电监测器(IDM)中。IDM 由试验测试盒和测量回路两部分组成,其中测试盒如图 9 – 15 所示,尺寸为 260mm × 135mm × 40mm,包括用于 8 个独立测试样品的电磁隔离间,盒体上覆有 10μm 厚的铜箔。测试盒放置于真空室内并与真空室的电子入射窗口平行。

　　IDM 的测量回路如图 9 – 16 所示,放电信号测试电缆通过 SMA 接头接至示波器,可以利用示波器同时测量 3 块样品的放电在回路中 50Ω 电阻上的放电波形。验证时,卫星内带电效应模拟试验设备采用的试验条件如下:真空度优于 1×10^{-2} Pa;电子能量为 1.2MeV;束流密度为 $80pA/cm^2$;辐照时间为 4h。

图 9 – 15　内带电监测器(IDM)

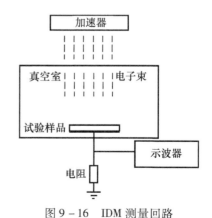

图 9 – 16　IDM 测量回路

　　(3)试验结果。首先按照上述试验条件对未放置试验样品的 IDM 进行了本底测试,未发生放电现象,测试结果如表 9 – 4 所列。

表 9 - 4 IDM 本底放电测试结果

试验时间/h	试验样品放电次数/次	试验时间/h	试验样品放电次数/次
0.5	0	2.5	0
1.0	0	3.0	0
1.5	0	3.5	0
2.0	0	共计	0

完成本底测试后,针对 3 块样品开展了验证试验,试验结果如表 9 - 5 所列。

表 9 - 5 样品放电试验结果

序号	样品名称	放电次数
1#	5% 聚苯胺涂层 FR4 板	1
2#	覆聚丙烯酸类三防漆 FR4 板	7
3#	未防护 FR4 板	17

从试验结果可以看出,1#样品的放电次数明显少于 2#和 3#样品,说明导电防护涂层对卫星内静电放电具有良好的防护效果。

9.3.2 大型低轨道载人航天器电位主动控制技术

航天器作为一个整体运行在空间中,其结构相对于空间等离子体存在一个电位。由于航天器结构相对空间相当于一个电容器,在空间带电环境的作用下会收集电荷,结构电位将随之漂移。对于采用了高压能源系统的大型航天器,该结构电位会更高。

采用高压大功率太阳电池阵的低轨航天器,将会产生太阳电池阵工作电压 90% 左右的结构电位,当太阳电池阵上裸露的正电极电位高于等离子体电位时,将从等离子体环境中吸收电子,会引起航天器结构电位(相对于空间等离子体)升高,在很小的暴露区域内将产生比较大的收集电流,从而导致高压太阳电池阵电流收集增强效应的发生。同时,尺寸较大的航天器,其结构切割地磁场也会在航天器的两端产生感应电势,这两种电位叠加在一起会造成大型航天器结构具有较高的电位,从而对舱外活动中的宇航员生命、空间交会对接、航天器热控系统和能源系统的安全产生重要影响,因此,必须对大型低轨道航天器结构电位进行控制,以保障航天器各项任务的完成。

国际空间站太阳电池阵的供电电压为 160V,在不采取任何电位控制措施的情况下,其本体电位会达到 -140 ~ -120V,对空间站和航天员的安全造成极大威胁。而在国际空间站运行的过程中发现其表面电位通常不会超过 -25V,但当空间站穿过地球阴影区时,在数秒内充电至 -70V 左右,发生快速充电事件。因此,专门研制了等离子体接触器主动电位控制系统,通过向空间喷射等离子流产生电子电流通路使之维持在 $-40 \sim 0V$ 的安全范围内。国际空间站受到切割磁感线产生的电势约为 20V,若要控制国际空间站电势在 40V(绝对值)的安全电压,则电位主动控制器空心阴极等离子体接触器将结构电位控制在 20V以下。

1. 电位主动控制机理

在低轨等离子体环境中,存在大量的低能量、高密度等离子体,电子的密度和温度与离子的近似相等,然而由于电子的质量比离子的质量要小很多,因而电子的运动速度远大于离子的运动速度,同样时间内打到航天器表面的电子数要远大于离子数,最终使卫星的表面带上负电位,负电位的存在会减小电子电流而增大离子电流,直到系统的收集净电流为零,此时各电流达到动态平衡。

根据 Mott - Smith 和朗谬尔轨道运动限制理论(Orbital Motion Limited Theory, OML),暴露于空间等离子体中高压太阳电池金属表面的电子收集电流 I_e 和离子收集电流 I_i 可分别由以下公式表示。

电子电流密度:

$$j_e = \begin{cases} j_{eo} \cdot \left(1 + \dfrac{eV}{KT_e} \right)^{\alpha} & (V > 0) \\[3mm] j_{eo} \cdot \exp\left(\dfrac{eV}{KT_e} \right)^{\alpha} & (V \leqslant 0) \end{cases} \qquad (9-5)$$

离子电流密度:

$$j_i = \begin{cases} j_{io} \cdot \exp\left(\dfrac{-eV}{KT_i} \right) & (V \geqslant 0) \\[3mm] j_{io} & (V < 0) \end{cases} \qquad (9-6)$$

式中

$$j_{eo} = \frac{1}{4} \bar{v}_e en_{eo} = \frac{1}{4} en \cdot \sqrt{\frac{8KT_e}{\pi m_e}}, j_{io} = \frac{1}{4} \bar{v}_i en_{io} = \frac{1}{4} en \cdot \sqrt{\frac{8KT_i}{\pi m_i}}$$

在电子热电流的计算公式中,a 表征正电极有效吸收面积随其电位的增长系数。

航天器采用了高压大功率太阳阵,由于电子质量小,运动速度快,因此最初达到高压太阳阵表面的充电电子电流密度大于离子电流密度。充电过程达到平衡后,为了保证进出太阳阵表面的电子和离子数目一样多,在轨高压太阳阵表面充电负电位面积(相对于空间等离子体环境)一般大于充电正电位表面的面积。此时,表面充正电位部分太阳阵的收集电流为

$$I^+ = A^+ (j_e + j_i) = A^+ \times \left[j_{io} \cdot \exp\left(\frac{-eV}{KT_i} \right) - j_{eo} \cdot \left(1 + \frac{eV}{KT_e} \right)^{\alpha} \right], V > 0$$

$$(9-7)$$

表面充负电位部分太阳阵的收集电流为

$$I^- = A^-(j_e + j_i) = A^- \times \left[j_{io} - j_{eo} \cdot \exp\left(\frac{eV}{KT_e}\right) \right], V < 0 \qquad (9-8)$$

在低轨环境,若不考虑二次电子和背散射电,则无束流发射时的电流平衡方程为

$$I_T(\phi) = I_e(\phi) - I_i(\phi) = 0 \qquad (9-9)$$

当电子束从航天器发射时,所有电流之和也包括发射电子电流 $I_{beam}(\phi)$,电流方程为

$$I_e(\phi) - I_i(\phi) - I_{beam}(\phi) = 0 \qquad (9-10)$$

式中:ϕ 为航天器表面电势;$I_e(\phi)$ 和 $I_i(\phi)$ 为电子和离子电流;$I_T(\phi)$ 为净电流,称为充电电流。

对于一个太阳电池阵金属表面总面积约为 $22m^2$ 的大型航天器,经计算可获得其最大收集电流为 $-4.5A$,即最大充电电流为 $4.5A$,也是电位主动控制器发射的最小电流 $4.5A$。

航天器悬浮电位(相对于空间环境等离子体的电位)与充电电流和等离子体接触器(空心阴极)发射电流的变化趋势如图 9-17 所示,主要为以下两个过程。

(1)航天器充电过程:航天器电位(绝对值)较低时,充电电流较高,随着充电过程的继续,航天器电位不断升高;而充电电流随着航天器电位的升高不断减小,当航天器电位充电到一定值(与太阳电池阵输出电压绝对值接近)时则充电达到饱和态,此时充电电流为零。

(2)航天器电位控制过程:当航天器充电到饱和态(即电位最高时,国际空间站预测为 $-140V$)时,如果此时开启电位主动控制系统,航天器相对于环境等离子体(相当于空心阴极的阳极)有较高电位将电子引出,那么空心阴极发射器的发射电流最大,随着航天器电位的下降,充电电流不断增加,见图 9-17 中的 a 区域,但此时发射电流大于充电电流,航天器电压会不断下降,空心阴极发射电流也随之下降,等航天器电位下降到 U_0 时,充电电流和空心阴极发射器发射电流达到平衡,即达到主动电位控制的目的。反之,当电压低于 U_0 时,充电电流大于发射电流,电压会不断上升至 U_0,即图 9-17 中的 b 过程。这个过程也称为航天器表面电位的自适应控制过程。

因此,U_0 是电位控制自适应调节获得的稳定的平衡电压,也被称为钳位电压,在这个过程中空心阴极发射的电子电流称为钳位电流。钳位是当卫星结构的绝对电位高于要求的控制电位时,利用电位主动控制器开始向空间发射电子对电位进行控制,将卫星结构电位钳制在一定的范围内。

图 9-18 为空心阴极等离子体发射器电位控制工作原理图,航天器高压太阳电池阵收集空间环境等离子体电子,使航天器结构相对于空间等离子体的零

电位呈负电位(大于40V安全电压)。空间等离子体(0V)可以看成是虚拟阳极,所以空心阴极发射器内部等离子体中的电子会在阳极和空间等离子体电势差的作用下引出,形成航天器表面与空间等离子体之间电子泄放的通道,其引出电流的大小随航天器与环境等离子体之间电势大小的变化而改变,最终使得航天器表面电流达到平衡,表面收集净电流为零,从而实现航天器表面电位的自适应控制过程。即当航天器的结构电位高于控制器的钳位电压时,空心阴极发射器会自主发射电子直至结构电位达到钳位电压。

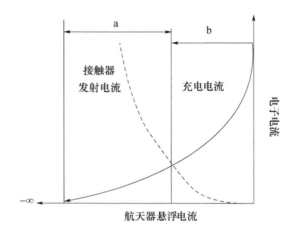

图9-17 航天器表面充电悬浮电位随电流的变化关系

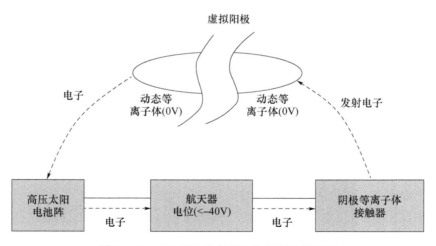

图9-18 空心阴极发射器电位控制工作原理

图9-19为兰州空间技术物理研究所研制的电位主动控制器,其能够自适应发射电子,从而实现了航天器结构电位主动控制的目的。

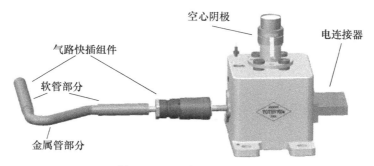

图 9 - 19　电位主动控制器

2. 试验方法

低轨道载人航天器表面电位主动控制试验是在兰州空间技术物理研究所空间等离子体带电效应环境模拟设备上进行的,如图 9 - 20 所示。低轨道等离子体环境由等离子体源产生的等离子体模拟,并由置于真空室的朗谬尔探针对等离子体的温度和密度进行监测。试验时,模拟设备中的压强为 $3.6 \times 10^{-3} Pa$,等离子体的温度为 1eV,密度为 $1.4 \times 10^{12} m^{-3}$。

图 9 - 20　空间等离子体带电效应模拟设备

空心阴极等离子体接触器的性能测试参考国际空间站等离子体接触器试验方案。电位主动控制使用的空心阴极等离子体接触器的核心技术来源于兰州空间技术物理研究所离子推力器上使用的空心阴极,其地面考核寿命已达到 14000 小时/4300 次开关。空心阴极发射器自适应电位主动控制试验连接方式如图 9 - 21 所示,空心阴极公共地(安装法兰)与真空室舱壁绝缘安装,空心阴极正对真空室舱壁的距离约为 1.5m。加热电源的正极接空心阴极的加热极,触持电源的正极接空心阴极触持极。各电源负极接空心阴极公共地(安装法兰)。偏压电源用来模拟航天器结构体与空间等离子体之间的电势差(悬浮电位)。试验中主要测量触持电压(V_a)、触持电流(I_a)、钳位电压(V_c)、钳位电流(I_c)及氙气流率。

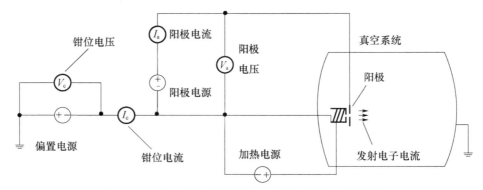

图 9-21　空心阴极发射器自适应电位控制试验接线图

3. 试验结果及分析

（1）空闲模式性能测量。空心阴极点火成功后，在偏置电源不输出的情况下，空心阴极触持极与触持极电源形成回路，此方式为空心阴极发射器空闲模式。在空闲模式下，不同流率、触持电流时测量的触持电压如图 9-22 所示。

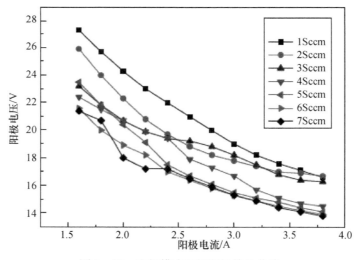

图 9-22　空闲模式空闲阴极特性曲线

在测试过程中发现，流率越大，阳极电压越小，触持电流越大，触持电压越稳定，空心阴极组件的工作状态越稳定；在触持电流 <2.5A 时，触持电压随着工质流率的增加而下降，但超过 2sccm（sccm 为体积流率单位，即标况毫升每分，英文全称为 standard-state cubic centimeter per minute）后变化不显著，在较高触持电流（>2.5A）时则变化非常小。考虑到空心阴极组件的足够高温度及稳定性，同时较低的触持电压就能获得较大的触持电流，进行电位主动控制试验时若设置触持电流为 3A，则触持电压在 15~18V 之间，空心阴极工作在亮斑状模式。

空心阴极等离子体接触器空闲模式试验测试了流率对阳极电压的影响,测试结果与国际空间站试验结果相似,即流率越大阳极电压越小;在不同流率下测量阳极电流和阳极电压的关系,经过测试显示流率越大在相同阳极电流的情况下阳极电压较低。

(2)钳位模式性能测量。空心阴极点火成功后,在偏置电源输出的情况下,真空室舱壁、等离子体源、公共地之间形成钳位放电回路,此方式为等离子体接触器钳位模式。

在地球阴影区,太阳电池阵不发电,其裸露的金属也不存在高电压,大大降低了其电流收集效应,航天器的充电电位远远低于光照区的电位,主要在光照区时对航天器电位进行主动控制,此时工作模式为钳位模式。空心阴极等离子体接触器发射的电子电流至少要满足航天器表面净收集电子电流。

为了更好、更真实地模拟在空间环境下电位主动控制的效果,本试验在无等离子体源和有等离子体源的情况下分别进行了自适应电位控制试验。测试结果如图 9 - 23 所示。

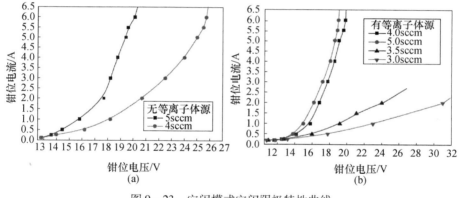

图 9 - 23　空闲模式空闲阴极特性曲线

发生在阴极出口小孔内的电离称为内部电离,而发生在阴极小孔之后羽流内核区域里的电离称为外部电离。研究表明,在等离子体接触器高电流发射时,阳极偏置电压的增加增大了羽流出口处离子的产生率,接触器出口处离子数密度的增加,有助于增加空心阴极发射器出口处的电子数,从而可增加接触器发射的最大净发射电子电流。航天器表面与空间等离子体电势差越大,越多的电子可以离开接触器,同时离子束产生率也增大。在大流量(图 9 - 23 中(b))>4sccm(外部中性原子浓度增加)和高发射电流情况下(偏置电压的升高也会加速电子超过 Xe 原子的一次电离能量)发生明显的外部电离过程;且流量越大,外部电离越明显,则发射电流增加。

钳位模式下,试验发现有等离子体源比无等离子体源在较低流率下更容易实现电位的有效控制,在图 9 - 23(a)中可以看到流率为 4sccm 时钳位电压在

26V 左右,此时虽能发射较大的钳位电流,但钳位电压较高,需要较大的电势差才能引出相应的束流;而流率为 5sccm 时能够引出 6A 以上的钳位电流,将电位控制在 20V 左右,因为较大流率和发射电流增加了接触器外部电离。有等离子体源时引出的钳位电流能够较好的和环境等离子体耦合,如图 9 – 23(b)所示,4sccm 的流率就可以发射 5A 以上的钳位电流,且钳位电流变化很快,将电势钳位在 20V 以内,等离子体耦合效应相等流率情况下增加了接触器外部电离。5sccm 时钳位电压在 19V 左右,当流率为 3.0sccm 和 3.5sccm 时钳位电流最大超不过 5A,相对钳位电压也很高,但较小的流率外部电流所产生的电流也较小。

自适应控制试验表明,随着氙气流率的增加,钳位电压变小,当最小流率确定时就能够将电位钳位在某一范围内,实现航天器表面的电位控制,与国际空间站等离子体接触器电位控制试验结果相比具有一致性。

第 10 章　高压太阳电池阵静电放电防护

随着对能源系统要求的提高,未来航天器太阳电池阵电源系统将朝着大功率、高电压的趋势发展,特别是 GEO 轨道(地球同步轨道)的通信卫星将普遍采用高压砷化镓太阳电池阵作为主要能源。然而,工作电压的提高增加了太阳电池阵与空间带电环境的耦合机会,出现了由于空间静电放电(SESD)引起的新的失效模式。因此,必须针对高压太阳电池阵的静电放电机理进行深入的研究,探寻相应的防护技术,以确保大功率航天器高可靠、长寿命在轨运行。

本章在前面高压太阳电池阵 ESD 效应分析的基础上,有针对性地总结出高压太阳电池阵抗 ESD 的防护技术。

10.1　防护技术分析

为了保障高压太阳电池阵在轨长寿命、高可靠运行,防止发生 ESD 失效,以下几个步骤是必需的。

(1) 抑制太阳电池阵表面充电;

(2) 抑制太阳电池阵表面 ESD 发生;

(3) 抑制由于 ESD 引起的不利效应,例如表面材料性能退化,电磁干扰和电池损坏;

(4) 抑制一次 ESD 向二次放电转移;

(5) 如果二次放电发生要抑制太阳电池阵功率输出。

然而,对于在 GEO 轨道运行的卫星而言,安装在舱外的太阳电池阵直接暴露在空间等离子体环境中,在该轨道空间,磁层亚暴每几个小时就发生一次,因此在地球同步轨道发生数十千伏的表面带电情况是非常频繁的,太阳电池阵表面充电是不可避免的。

ESD 是引起高压太阳电池阵发生二次放电的触发因素。高压太阳电池阵表面 ESD 的发生频率和强度直接影响高压太阳电池阵二次放电发生的可能性。抑制 ESD 显而易见的办法就是将高压太阳电池阵的 ESD 敏感区域(由互联器件、盖片和基地材料以及真空组成的区域)完全包裹起来从而没有导体暴露于空间带电环境中,然而使用这种方法有许多技术困难需要克服。可以通过改变传统电池的结构设计来消除静电电荷的积累,以彻底防止静电充/放电的发生。

空间带电环境中,太阳阵表面充电电荷是静电放电的放电源,根据电容效应,ESD所释放的能量是有限的,不会造成太阳电池阵硬件损坏,也就是说,既使一次ESD发生,也不会导致太阳电池阵短路失效。当然,目前航天器上常用的砷化镓太阳电池阵较之传统的硅太阳电池而言,其耐反向静电击穿的能力较差,较大能量的ESD可能会使某些反向耐压特性较差的砷化镓太阳电池击穿,但损坏的仅仅是单体电池本身,不会造成材料热解,形成低阻通路,致使整个太阳电池电路失效。实验室已经证明二次放电事件是造成高压砷化镓太阳电池阵短路损坏的原因。随着高压砷化镓大功率太阳电池阵的逐渐使用,航天器电源系统设计时必须采用有效的防护措施抑制二次放电的发生。

10.2 防护措施

10.2.1 盖片表面蒸镀金属氧化物涂层

为了防止太阳阵表面电荷的沉积,只有将这些电荷从某一个通道泄放掉,使太阳阵表面等电位,这样才能从本质上防止高压太阳阵表面静电充/放电的发生。

通过在太阳电池玻璃盖片上蒸镀一层ITO透明导电膜,并将每个盖片上的导电膜有效地连接组成网络,与卫星的"结构地"相连,可以使沉积在盖片表面的电荷得到泄放,以消除轨道高压静电电荷的积累,使太阳电池阵表面等电位,彻底防止静电充/放电的发生。

ITO透明导电膜是一种半导体材料,它蒸镀在玻璃盖片表面最外层,为了实现整个太阳阵的导电膜互连成网,在盖片相对的边缘上还蒸镀了两个三角形的焊接电极,ITO膜与焊接电极连接导通(图10-1)。当单体太阳电池组成太阳电池阵后,每个玻璃盖片上的ITO膜通过焊接电极用银箔互联器以串联的方式实现电互连接,并在太阳阵的两端汇流,最终由引出线与航天器"结构地"相连,如图10-2所示。

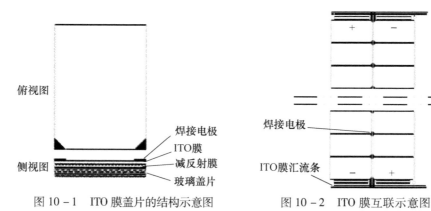

图10-1 ITO膜盖片的结构示意图　　　　图10-2 ITO膜互联示意图

　　由于 ITO 膜和两个焊接电极的遮挡会引起光透射率的损失和有效光照面积的减少,因此会使太阳电池的短路电流略有下降。这一点在设计太阳阵时必须充分考虑到。此外,高低温交变和湿度对 ITO 膜都会有一定的影响,所以要求 ITO 膜镀层和焊接电极必须具有良好的牢固度,才能适合于空间环境条件下的使用要求。这在 ITO 膜的生产中,是一种非常关键的技术,它决定了整个太阳电池阵表面的导电性能。

　　ITO 透明导电膜的导电性能越好,太阳阵表面的电位差也就越小。换言之,如果要使太阳阵表面等电位,那么 ITO 导电膜的表面电阻就要小于 $10^5\,\Omega$。表面电阻是随着 ITO 膜厚度的增加而减小的,ITO 膜导电率的增加是通过增大 ITO 膜的厚度来实现的。但不能为了增加导电率而无限度地增加 ITO 膜的厚度,因为 ITO 膜厚度增加的同时会降低太阳电池玻璃盖片的透射率,只有控制好 ITO 膜的厚度,才可以使玻璃盖片保持足够的光透射率。这样,在满足膜层表面电阻的同时还能有较高的透射率,把 ITO 导电膜对太阳电池阵的短路电流输出损失降低到最小。

　　在地球探测双星太阳阵的研制过程中,为了保证欧空局提供的实验设备的探测精度,需要对地球探测双星太阳电池阵表面进行防静电充/放电保护,以达到双星表面任意两点间的电位差最大不超过 ±1V 的等电位指标。因此,在表面采取等电位控制方法措施,通过在太阳电池的玻璃盖片上蒸镀一层 ITO 透明导电膜,并将每个盖片上的导电膜有效地连接组成网络,与卫星的"结构地"相连,使太阳阵表面的最大电位差小于 ±1V。

　　地球探测双星是我国首次与欧空局合作的项目,安装在双星上的探测仪器在静电洁净度方面对太阳电池阵提出了严格要求。该星的成功证明了太阳电池玻璃盖片上蒸镀 ITO 导电膜的 ESD 防护措施是有效的。

10.2.2　盖片表面蒸镀 ITO 网格技术

　　虽然高压太阳电池阵盖片表面蒸镀 ITO 涂层能够有效抑制 ESD 的发生,但是,大面积蒸镀 ITO 薄膜会降低可见光透射率,降低太阳能电池光电转换效能;此外,薄膜还会增加航天器的载荷。基于上述问题,本节提出了一种网格状 ITO 薄膜太阳能电池,采用电子束蒸发和光刻技术进行制备,并利用分光光度计和电晕喷电法对不同薄膜覆盖率下电池片的光电性能进行测试,研究了薄膜覆盖率对可见光透射率和表面电位的影响。

　　1. 网格状 ITO 薄膜的制备

　　制备 ITO 薄膜,常用技术主要包括:真空蒸发法、电子束蒸发法、化学气相沉积法、直流磁控溅射法和射频磁控溅射法等,本节采用电子束蒸发法进行 ITO 薄膜的制备。采用设备为日本爱发科 ULVAC 公司生产的电子束蒸发真空镀膜机,真空度可达 1×10^{-4}Pa。衬底材料为 40mm×40mm 太阳能电池玻璃盖片,粗糙度为 0.016μm。实验前,为防止表面污秽影响 ITO 薄膜的附着性,衬底先在专用清洗剂中浸泡 2h,然后进行超声清洗,再用去离子水冲洗,最后用高纯度氮气将衬底吹干。实验本底真空维持在 1.0×10^{-4} Pa,蒸发源采用纯度为 99.999%、质量分数比为 9:1 的铟锡合金,以高纯度氧气作为反应气体,氧气流量由流量计控制,电子枪的加速电压为 6kV,沉积速率为 0.1nm/s。

在制备的薄膜上涂覆光刻胶,进行曝光、显影。在腐蚀液中浸泡,清洗吹干后用去胶液浸泡,再清洗吹干即可制备出网格状 ITO 薄膜。为了使薄膜和"结构地"相连,在玻璃盖片边缘焊接三角形金属电极,ITO 薄膜与焊接电极连接导通,如图 10 - 3 所示。划分的网格为长方形,网格线为 ITO 薄膜,线宽 0.1mm。不同覆盖率的薄膜仅改变网格空白面积,网格线的宽度不变。

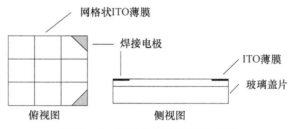

图 10 - 3　网格状 ITO 薄膜示意图

网格状 ITO 薄膜通过焊接电极串联,以并联的方式形成网络,经汇流条与太阳翼铰链相连,再通过 SADA 接入航天器"结构地",建立电荷泄放通路。ITO 薄膜接地网络如图 10 - 4 所示。

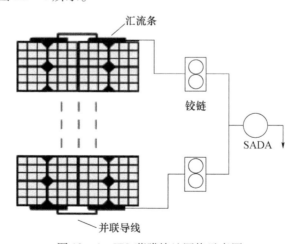

图 10 - 4　ITO 薄膜接地网络示意图

2. 试验装置

采用台阶仪测得的样品厚度为 150 nm,用 SX1934 型数字式四探针测试仪测定薄膜的方块电阻率为 11.5Ω/□。薄膜电阻率由公式计算为 $1.725 \times 10^{-4} \Omega \cdot cm$,可以看出,制备的 ITO 薄膜电阻率较低、导电性能较好。采用 UV - 2550 型紫外可见光分光光度计对薄膜的可见光透射率进行测量。

采用电晕喷电法研究 ITO 薄膜覆盖率对太阳能电池片表面电位的影响。主要测试设备包括旋触式电晕喷电装置、直流高压源和非接触式静电电位计等,测试系统示意图如图 10 - 5 所示。

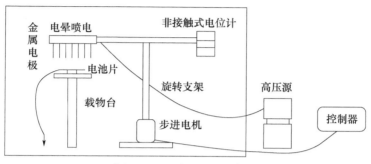

图 10 - 5　测试系统示意图

为了防止温湿度的变化影响测试结果,在低气压密闭气罐中进行试验。环境温度为 22℃,相对湿度为 42%。试验时,将蒸镀 ITO 薄膜的电池片放置在载物台上,金属电极通过导线接地,高压源输出负极性直流高压,输出范围为 8 ~ 14kV,步长为 2kV,利用尖针电晕放电,使电池片表面带电,放电时间为 10min,放电结束后,立即用非接触式静电电位计测量电池片表面的电位,为了防止电池片表面残留电荷对下次测量的结果产生影响,单次测量结束后,用离子风静电消除器对电池片表面进行消电处理。

3. 试验结果及分析

(1) 网格状 ITO 薄膜光学特性。透射率是评价 ITO 薄膜光学性能的重要指标,薄膜覆盖率的变化会对电池片的透射率产生影响。项目组对薄膜覆盖率为 0 ~ 100%(步长为 10%)的电池片的透射率进行测量,波长范围为 380 ~ 800nm,测试结果如图 10 - 6 所示。

由图 10 - 7 可以看出,制备的网格状 ITO 薄膜太阳能电池片在 380 ~ 800nm 范围内,透射率均在 80% 以上,具有较高的可见光透射率。其中,薄膜覆盖率为 100% 时,在波长为 425nm 左右时出现波谷,在波长为 600nm 左右时出现波峰,可以看出,制备的薄膜对 425nm 左右的可见光具有较高的反射率,对 600nm 左右的可见光具有较高的透射率。将可见光的透射率求和取平均值,可得到不同薄膜覆盖率下的平均透射率,并对结果进行拟合,如图 10 - 7 所示。

由图 10 - 7 可以看出,各种不同薄膜覆盖率下的平均透射率均大于 92%,

随着薄膜覆盖率的增大,平均透射率降低;薄膜覆盖率每增加10%,平均透射率下降约0.7%;与薄膜覆盖率为0%的试样相比,100%的平均透射率下降7.5%。ITO薄膜在可见光范围内具有一定的反射率,而空白玻璃盖片对可见光几乎全透射,薄膜覆盖率增大,空白面积减小,平均透射率将降低。

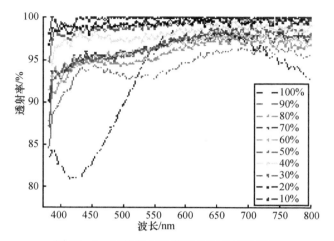

图10-6 网格状ITO薄膜的可见光透射率

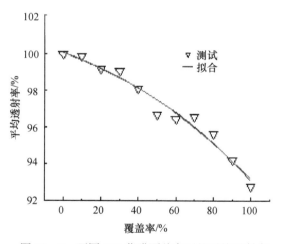

图10-7 不同ITO薄膜覆盖率下的平均透射率

(2)网格状ITO薄膜表面电位。施加直流高压后,放电电极和太阳能电池片之间会形成强电场,放电产生的负离子和电子在强电场作用下向电池片的方向运动,沉积在电池片表面,而表面沉积的负电荷会阻碍负离子和电子的运动,且表面的电荷可通过ITO薄膜进行泄放,最终达到动态平衡,电池片表面呈负电位。放电电压、环境因素等均会影响电荷的沉积速率,表面ITO薄膜的覆盖率会对电荷的泄放速率产生影响。本节进行了不同放电电压和不同薄膜覆盖率下的表面电位测试实验。表 10-1 ~ 表 10-4 给出了盖片 0%、10%、50% 和 80% 覆盖率太阳电池阵表面电位的测试结果。

表 10-1　0% 覆盖率太阳电池片表面电位

喷电电压/kV	测试值1/V	测试值2/V	测试值3/V	测试值4/V	测试值5/V	平均值/V
-6.0	-780	-900	-600	-670	-860	-762
-5.5	-620	-610	-610	-580	-540	-592
-5.0	-360	-350	-280	-210	-230	-286
-4.5	-190	-160	-120	-110	-120	-140
-4.0	-50	-40	-40	-50	-80	-52

表 10-2　10% 覆盖率太阳电池片表面电位

喷电电压/kV	测试值1/V	测试值2/V	测试值3/V	测试值4/V	测试值5/V	平均值/V
-6.0	-230	-270	-250	-240	-260	-250
-5.5	-180	-180	-190	-200	-200	-190
-5.0	-130	-150	-150	-130	-130	-138
-4.5	-40	-40	-40	-40	-40	-40
-4.0	-10	0	-10	-20	-20	-12

表 10-3　50% 覆盖率太阳电池片表面电位

喷电电压/kV	测试值1/V	测试值2/V	测试值3/V	测试值4/V	测试值5/V	平均值/V
-6.0	-40	-30	-50	-40	-30	-38
-5.5	-30	-40	-30	-20	-30	-30
-5.0	-20	-50	-50	-20	-20	-32
-4.5	-30	-20	-20	-10	-10	-18
-4.0	0	-30	-10	-20	0	-12

表 10-4　80% 覆盖率太阳电池片表面电位

喷电电压/kV	测试值1/V	测试值2/V	测试值3/V	测试值4/V	测试值5/V	平均值/V
-6.0	-10	-20	-10	-20	-20	-16
-5.5	-10	-10	0	-10	-10	-8
-5.0	0	0	0	0	0	0
-4.5	0	0	0	0	0	0
-4.0	0	0	0	0	0	0

由上述测试结果可以看出,在电池片表面蒸镀网格状 ITO 薄膜,既不显著地降低太阳能电池片的平均透射率,保证光电转换效率,又能防止太阳能电池片的表面沉积电荷,降低表面电位,减少静电放电事件的发生,对太阳能电池片起到防护的作用。

10. 2. 3 控制电池串间的电位差

在进行太阳电池阵的设计时,优化太阳电池阵电路的布置方式,使相邻电池之间电位低于二次放电的阈值电压,可以有效地抑制二次放电的发生。

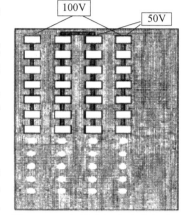

图 10 - 8　相邻太阳电池串间的
电压为 50V

随着太阳电池阵母线电压的提高,设计时在太阳电池的布线方式上应该考虑使相邻电池串间的电位差尽可能低(低于发生二次放电事件的阈值电压)。通过前面的分析和试验,70V 是没有保护措施的太阳电池阵产生二次放电的阈值电压。因此,一般将相邻电池串间电压设计为小于该阈值。

以 100V 母线电压的太阳电池阵为例,可以采用图 10 - 8 所示的排列方式,使母线电压要求为 100V 的太阳电池电路相邻电池串间电位差只有 50V。这种排列方式既保证了高总线电压(100V),又彻底避免了相邻电池串间存在高电位。

10. 2. 4 太阳电池串间填涂室温硫化(RTV)胶

另一项高压太阳电池阵 ESD 防护技术是在高压太阳电池串间填充 RTV 胶。为了提高电池串间的击穿电压阈值,将 RTV 胶插入存在电位差的电池串间隙中,由于 RTV 胶的存在,在 ESD 产生的等离子体和太阳电池之间建立了一个势垒,阻止了二次弧光放电及热解,即提高了放电的阈值电压,降低了放电的可能性。

研究表明,当电池串之间的间隙宽度一定时,填充 RTV 胶形成的势垒使二次放电阈值电压明显增加(串间电压增大到 200V 时仍没有发生二次放电)。在相邻电池串间插入 RTV 胶可以在太阳电池串间形成势垒层并对聚酰亚胺(Kapton)基底起到保护作用,防止因温度过高使基底材料热解而炭化。防护前后的太阳电池阵如图 10 - 9 和图 10 - 10 所示。

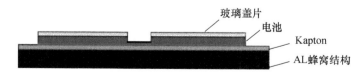

图 10 - 9　未填充 RTV 胶的太阳电池阵结构示意图

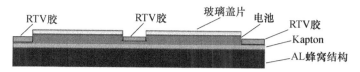

图 10 – 10 填充 RTV 胶的太阳电池阵结构示意图

10.2.5 减小电池串电流

串电路电流对二次放电的有效性是至关重要的。对于工作电压足以达到二次电弧击穿阈值的高压太阳电池阵而言,要在设计上保证电池串得到的有用电流不足以维持电弧,才能避免因长时间放电而引起的材料热解。

第 6 章的实验结果表明,当串间电位差达到阈值电压 70V 时,太阳电池阵表面放电,此时的串电流达到 1.8A,因此,在电路设计中应将每串电路的电流减小到 1.8A 以下,使每个电池电路的电流小于电弧能持续进行的下限。

当电路总电流要求较高时,可以采取并联方式分流,以降低单串电流值。例如,电路总电流为 4A,可以将电路设计为 3 串并联,此时单串电流低于 1.4A,发生电路 ESD 短路失效的概率大大降低。单串和三并太阳电池阵电池串示意图如图 10 – 11 和图 10 – 12 所示。

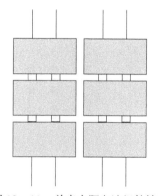

图 10 – 11 单串太阳电池组件结构

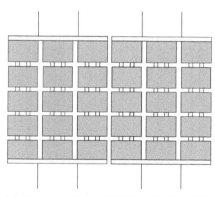

图 10 – 12 三并太阳电池电池组件结构

10.2.6 电场主动防护技术

在空间等离子环境中,高能带电粒子对太阳电池阵的充放电效应主要取决于粒子的能量和辐射剂量。为了实现主动防护,可以设想两种策略:其一是降低入射到太阳电池阵上带电粒子的能量;其二是减少入射到太阳电池阵上带电粒子的数目,即减少太阳电池阵遭受的辐射剂量。为了降低带电粒子的能量,需要有外力对带电粒子做负功;为了减少入射到太阳电池阵上带电粒子的数目,也需要有外力作用,使带电粒子改变运动方向,射向太阳电池阵之外的空间。电场力既可改变带电粒子的运动方向,又能改变其运动速率。

基于这种分析,本节提出了基于强电场的主动防护技术,即利用强电场改变带电粒子的飞行方向。然而,由于空间带电粒子能量高,运动速率大,因此需要很强的电场才能使其产生足够的偏转。根据高斯定理,静电场中的导体表面附近的电场强度与表面对应点的电荷密度成正比,而电荷密度与导体表面的形状有关,一般来说,与表面处的曲率半径成反比,因此,尖端导体在尖端附近电场很强。这么强的电场,就有可能使飞经附近的高能带电粒子运动方向发生偏转,或者吸引捕获粒子。单个的尖端导体防护范围和效果有限。为了实现较大范围内太阳电池阵的防护并达到更好的防护效果,必须将尖端导体进行组阵。图 10-13 给出了太阳电池阵表面按一定密度布置的尖端导体阵列及加压示意图。图中,尖端导体垂直于太阳电池阵表面布置,这种布阵方式通过电场的作用改变带电粒子的运动方向,使带电粒子碰撞电极并被电极所捕获,从而实现防护作用。尖端导体呈梅花形的加压方式,正导体的上、下、左、右四根都是负导体。图 10-14 为太阳电池阵表面尖端导体实体布置图。图 10-15 给出了施加防护前后太阳电池阵开路电压随时间的变化情况。从图中可以明显看出,采取保护措施后的太阳电池阵开路电压的下降趋势明显优于未加防护的太阳电池阵,说明这种防护技术具有很好的防护效果。

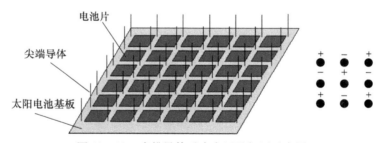

图 10-13　多排导体垂直布置及加压示意图

图 10-14　太阳电池阵表面导体垂直布置实体图

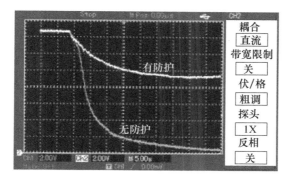

图 10 – 15　施加防护与未施加防护措施开路电压对比图

10.2.7　电位主动防护技术

除了上述防护措施和技术外,另一种高压太阳电池阵静电防护技术就是电位主动控制技术。所谓电位主动控制,是指采用粒子发射装置,通过指令控制喷射带电粒子降低太阳电池阵表面电位,将太阳电池阵表面电位控制在安全水平(见图 10 – 16)。国外经验表明,以低能等离子体发射装置和表面电位监测装置组成的电位控制系统是最有效且经济的主动防护手段。航天器在轨运行时,利用表面电位监测装置对太阳电池阵表面进行静电电位测量,对超过危险静电电位差阈值的部位,通过可移动的等离子源装置喷射等离子体以中和太阳电池阵表面的沉积电荷,从而达到消除太阳电池阵表面高的电位差,抑制 ESD 事件的发生。

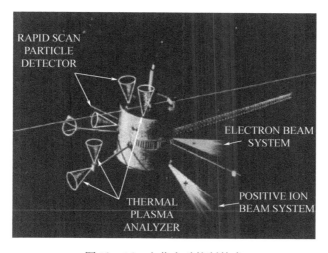

图 10 – 16　电位主动控制技术

参考文献

［1］ 龚自正,曹燕,候明强,等.空间环境及其对航天器的影响与防护技术［C］.中国数学力学物理学高新技术交叉研究学会第十二届学术年会论文集,2008:287-297.

［2］ 许滨,武占成,郝永锋,等.航天器在轨空间环境研究［J］.河北科技大学学报,2011,32:9-14.

［3］ 曹裕华,冯书兴,管清波,等.航天器军事应用建模与仿真［M］.北京:国防工业出版社,2010.

［4］ 高硕.载人航天,抢占太空制高点［J］.国防,2002,6:32-34.

［5］ 薛梅.高压砷化镓太阳阵ESD效应及防护技术研究［D］.天津:天津大学,2007.

［6］ 赵雪,蔡震波.空间环境及效应对在轨航天器的影响分析［C］.北京:第六届空间物理专业委员会全体会议暨空间环境研究预报专题研讨会,2004.

［7］ 刘尚合,魏光辉,直承,等.静电理论与防护［M］.北京:兵器工业出版社,1999.

［8］ 杜春普.静电危害与防护［J］.惯导与仪表,2001,2:38-48.

［9］ 庞永江,徐跃民.地面实验室模拟空间等离子体环境的初步测试［J］.空间科学学报,2001,21(3):259-265.

［10］ 黄本诚,童靖宇.空间环境工程学［M］.北京:中国科学技术出版社,2010.

［11］ 庞永江.地面实验室模拟空间等离子体环境及太阳能电池片效应初步实验研究［D］.北京:中国科学院空间科学与应用研究中心,2001.

［12］ Finckenor M M,Kamenetzky R R,Vaughn J A,et al. Space environmental effects testing in support of the international space station［C］.38th AIAA Aerospace Sciences Meeting and Exhibit,2000.

［13］ Wilkes D R,Zwiener J M. Science data report for the Optical Properties Monitor (OPM) experiment［S］. NASA CR-2001-210881,1999.

［14］ Roeder J L,Fennell J F. Differential charging of satellite surface materials［J］. IEEE Transactions on plasma science,2009,37(1):281-289.

［15］ Lai S T. Fundamentals of spacecraft charging［M］. New Jersey:Princeton University Press,2012.

［16］ Henery B G,Albert C W. Guide to mitigating spacecraft charging effects［M］. New Jersey:John Wiley & Sons,2012.

［17］ 师立勤.低轨道航空器辐射环境和表面充电效应研究［D］.北京:中国科学技术大学,2011.

［18］ Okumura T,Mashidori H,Takahashi M,et al. Temperature Effect on Primary Discharge Under Simulated Space Plasma Environment［J］. IEEE Transactions on Plasma Science,2012,40(2):345-350.

［19］ Katz I,Cassidy J J,Mandell M J,et al. The capabilities of the NASA charging analyzer program［J］. Spacecraft Charging Technology,1978,10:101-122.

［20］ Mandell M J,Davis V A,Cooke D L,et al. Nascap-2K spacecraft charging code overview［J］. IEEE Transactions on Plasma Science,2006,34(5):2084-2093.

［21］ Roussel J F,Rogier F,Dufour G,et al. SPIS Open-Source Code:Methods,Capabilities,Achievements, and Prospects［J］. IEEE Transactions on Plasma Science,2008,36(5):2360-2368.

［22］ Muranaka T,Hosoda S,Kim J H,et al. Development of multi-utility spacecraft charging analysis tool (MUSCAT)［J］. IEEE Transactions on Plasma Science,2008,36(5):2336-2349.

［23］ 吴中华,古士芬,臧振群,等.航天器表面充电效应及其工程计算[J].环模技术,1999,2:9-13.

［24］ 李丹明,陈学康.空间环境效应与防护技术研究现状与发展设想[J].航天器环境工程,2008,25 (3):224-228.

［25］ 闫德奎.大幅照面电子枪模拟空间地磁亚暴环境的方法研究[D].武汉:武汉大学,2005.

［26］ Masatoshi U,Koji T. Accelerated Charge - Discharge Cycling Test and Cycle Life Prediction Model for Supercapacitors in Alternative Battery Applications[J]. IEEE Transactions on Industrial Electronics,2012, 59(12):4704-4712.

［27］ 冯伟泉.大型空间地磁亚暴环境地面模拟试验[J].航天器环境工程,2001,18(4):33-42.

［28］ NASA. Electrical Grounding Architecture for Unmanned Spacecraft[S]. NASA - Hdbk - 4001,1998.

［29］ NASA. Avoiding Problems Caused by Spacecraft On - Orbit Internal Charging Effects[S]. NASA - Hdbk - 4002,1999.

［30］ Whittlesey A,Garrett H R. NASA's Technical Handbook for Avoiding On - Orbit ESD Anomalies Due to Internal Charging Effects[C]. Proceedings of the 6th Spacecraft Charging Conference, AFRL Science Center, Hanscom AFB, MA,2000,9:131-134.

［31］ Design Guidelines for Assessing and Controlling Spacecraft Charging Effects[S]. NASA TP-2361.

［32］ Frederichson A R, Nanevicz J E, Thayer J S, et al. Leaky Insulating Paint for Preventing Discharge Anomalies on Circuit Boards[J]. IEEE Transactions on Nuclear Science,1989,36(6):12-16.

［33］ Kao K C. New Theory of Electrical Discharge and Breakdown in Low Mobility Condensed Insulation[J]. January April Physics,1984,55(9):752-756.

［34］ 周建萍,丘克强,傅万里.抗静电高分子复合材料研究进展[J].工程塑料应用,2003,31(10): 60-63.

［35］ 刘海莹.极端条件下介质的抗辐射静电防护技术研究[D].长沙:国防科技大学,2005.

［36］ 王立,秦晓刚.空间材料表面充放电性能试验评估方法研究[J].真空与低温,2002,8(3):83-87.

［37］ Prebola J L, Bertrand W T, Crider D H, et al. Characterization of combined orbital surface effects test capability at AEDC[C].24th AIAA Aerodynamic Measurement Technology and Ground Testing Conference, 2004-06/07.

［38］ 王子强.空间机电设备环境适应性要求及验证技术[J].机电一体化,2005(3):18-21.

［39］ Giovanni D A, Clowdsley M S, Nealy J E, et al. Radiation shielding analysis for deep space missions[C]. Space Technology and Applications International Forum, Staif,2003:972-983.

［40］ 姚凯义.振动/热循环/空间模拟辐照环境对 SiC 反射镜性能影响[D].哈尔滨:哈尔滨工业大学,2008.

［41］ Kiefer R L, Orwoll R A. Shielding materials for highly penetrating space radiations[S]. NASA - CR-199720.

［42］ Wilson J W, Nealy J E, Angelis D G, et al. Deep space environment shielding[C]. Space Technology and Applications International Forum, Staif,2003:993-1010.

［43］ Garrett H B, Whittlesey A C. Spacecraft charging, an update[J]. IEEE Transactions on Plasma Science, 2000,28(6):2017-2028.

［44］ 李瑞锋.质子辐照下 SiO_2 薄膜改性 Kapton 光学性能演化及其损伤机理[D].哈尔滨:哈尔滨工业大学,2010.

［45］ Grigoriev A L, Potapov A N. Vital biomedical problems of exploration of the far space[C].53rd International Astronautical Congress, the World Space Congress. Houston, Texas,2002.

［46］ Wilson J W, Clowdsley M S, Cucinotta F A, et al. Deep space environments for human exploration[J]. Adv Space Res,2004,34:1281-1287.

[47] 沈自才.深空辐射环境对航天活动的危害及对策[J].航天器环境工程,2008,25(2):138-142.

[48] Blakely E A,Chang P Y. A review of ground-based heavy ion radiobiology relevant to space radiation risk assessment:Cataracts and CNS effects[J]. Adv Space Res,2007,40:1307-1319.

[49] Vazquez M E. Neurobiological problems in long-term deep space flights[J]. Adv Space Res,1998,22(2):171-183.

[50] 杨浩.航天材料辐射防护性能的模拟研究[D].南京:南京航空航天大学,2009.

[51] 许滨,原青云,武占成,等.低气压环境下航天材料静电防护地面模拟[J].高电压技术,2013,39(12):28942-2898.

[52] 曹鹤飞,孙永卫,原青云,等.航天器内部孤立导体电子照射表面起电时域特性[J].高电压技术,2015,41(3):991-997.

[53] 黄本诚,马有礼.航天器空间环境试验技术[M].北京:国防工业出版社,2002.

[54] 薛玉雄,杨生胜,把得东,等.空间辐射环境诱发航天器故障或异常分析[J].真空与低温,2012,18(2):63-70.

[55] Tsyganenko N A,Sitnov M I. Modeling the dynamics of the inner magnetosphere during strong geomagnetic storms[J]. J. Geophys. Res. ,2005,110(A3):1026-1029.

[56] 徐光耀,杜爱民,白春华.地球磁层的磁场模型[J].地球物理学进展,2008,23(1):14-24.

[57] Alan C. Tribble. Space Enviroment - Implication for spacecraft design[M]. Princeton:Princeton University Press,2003.

[58] 都亨,叶宗海.低轨道航天器空间环境手册[M].北京:国防工业出版社,1996.

[59] 曹鹤飞,刘尚合,孙永卫,等.等离子体环境非偏置固体表面带电研究[J].物理学报,2013,62(11):119401/1-5.

[60] 曹鹤飞,刘尚合,孙永卫,等.航天器内部孤立导体表面带电面积效应研究[J].物理学报,2013,62(14):149402/1-5.

[61] 原青云,孙永卫,曹鹤飞,等.高压太阳能电池阵静电放电效应[J].高电压技术,2013,39(10):2392-2397.

[62] 原青云,孙永卫,刘存礼.空间环境下航天器材料表面带电性能试验方法[J].高电压技术,2014,40(6):16442-1649.

[63] 原青云,孙永卫.不同轨道航天器表面带电的模拟[J].河北师范大学学报,2014,39(1):38-45.

[64] Wang L F,Fukuma H,Ohmi K,et al. 3D Particle in cell program for Electron Cloud[R]. Ecloud'02 CERN,2002.

[65] 买胜利,王立,李凯,等.材料二次电子发射特性对表面充电过程影响的数值模拟研究[J].真空与低温,2006,12(2):87-90.

[66] 王立,秦晓刚.空间材料二次电子发射特性测试[J].真空与低温,2002,8(1):18-21.

[67] Whipple E C. Potentials of Surfaces in Space[J]. Reports on Progress in Physics. 1981,44:1197-1250.

[68] 李小江.空间等离子体环境对电子设备的充放电效应[D].西安:西安电子科技大学,2009.

[69] Alexander S,Anders I E,Christopher M C. Simulation of potential measurements around a photo emitting spacecraft in a flowing Plasma[J]. IEEE Transactions on Plasma Science,2012,40(4):1257-1261.

[70] Forestl J,Eliasson L,Hilgers A. A New Spacecraft Plasma Interactions Simulation Software,PicUp3D/SPIS [C]. 7th Spacecraft Charging Conference ESA,2001:515-520.

[71] Pierre S,Jean-Charles M V,et al. Comparison of Numerical and Experimental Investigations on the ESD Onset in the Inverted Potential Gradient Situation in GEO[J]. IEEE Transactions on Plasma Science,2012,40(2):368-379.

[72] 杨集,陈贤祥,周杰,等.尾迹对卫星周围等离子体扰动特性分析[J].宇航学报,2010,31(2):

531 – 535.

[73] Jean – Michel S, Virginie I, Pierre S, et al. Parametric study of a physical flashover simulator[J]. IEEE Transactions on Plasma Science,2012,40(2):311 – 320.

[74] 杨集,陈贤祥,夏善红. 低轨道卫星表面充电模拟[J]. 微纳电子技术,2007,7:25 – 27.

[75] 买胜利,航天器太阳电池阵表面带电的 PIC 数值模拟研究[D]. 兰州:中国空间科学技术研究院兰州物理研究所,2006.

[76] 邵福球. 等离子体粒子模拟[M]. 北京:科学出版社,2002.

[77] Hur M S,Kim S J,Lee H S. Particle – in – Cell Simulation of a Neutral Beam Source for Materials Processing[J]. IEEE Transactions on Plasma Science,2002,30(1):110 – 111.

[78] Garrett H B. The charging of spacecraft surfaces[J]. Reviews of Geophysics and Space Physics,1981,19 (4):577 – 616.

[79] Dawson J M. Particle simulation of plasmas[J]. Rev ModPhys,1983,55:403 – 447.

[80] Roussel J F. Spacecraft plasma environment and contamination simulation code:Description and first tests [J]. Journal of Spacecraft and Rockets,1998,35(2):205 – 211.

[81] 杨昉,师立勤,刘四清,等. 低轨道航天器的表面充电模拟[J]. 空间科学学报,2011,31(4): 509 – 513.

[82] 丁义刚. 空间综合环境对航天器热控涂层性能退化效应研究[D]. 长沙:国防科技大学,2005.

[83] Lai S T. Charging of mirror surfaces in space[J]. J Geophys Res,2005,110(A01):204 – 206.

[84] 杨垂柏,梁金宝,王世金. 地球同步轨道卫星表面电位探测一类方法初探[J]. 核电子学与探测技术,2007,27(3):597 – 599.

[85] 闫小娟. 卫星介质充电机理和实验研究[D]. 北京:中国科学院,2008.

[86] 杨静,陈素君. 涡旋真空泵——一种具有发展潜力的无油泵[J]. 真空,2009,46(1):42 – 46.

[87] 刘金元,薛凤仪. 紫外和真空紫外光谱辐射标准灯—氘灯[J]. 计量技术. 2002,3:19 – 21.

[88] 航空航天工业部教育司,空间环境工程学[M]. 北京:宇航出版社,1993.

[89] 吴汉基,蒋远大,张志远,等. 航天器表面电位的主动控制[C]. 中国空间科学学会空间探测专业委员会第十九次学术会议论文集(下册),2006.

[90] 鲁文涛. 基于脉冲等离子体源的航天器表面电位主动控制的研究[D]. 北京:中国科学院空间科学与应用研究中心,2010.

[91] Linda H K,David L C,et al. Survey of DSCS – IIIB – 7 Differential Surface Charging[J]. IEEE Transactions on Nuclear Science,2004,51(6):3399 – 3407.

[92] 全荣辉. 航天器介质深层充放电特征及其影响[D]. 北京:中国科学院,2009.

[93] 秦晓刚. 介质深层带电数值模拟与应用研究[D]. 兰州:兰州大学,2010.

[94] 龚彬,古士芬,黄文耿. 控制航天器充电水平的计算机模拟研究[J]. 空间科学学报,2001,21(1): 55 – 60.

[95] 姜春华,赵正予. 航天器表面充电的数值模拟[J]. 航天器环境工程,2008,25(2):143 – 147.

[96] Mandell M J. Nascap – 2k simulations of spacecraft charging in tenuous plasma environments[C]. AIAA 2004 – 986,Science Applications International Corporation,2004.

[97] Rodgers D. Spacecraft plasma interaction guidelines and handbook[S]. European Space Agency,2004.

[98] 盛丽艳,蔡震波. GEO 卫星表面充电相对电位的工程分析[J]. 航天器环境工程,2007,16(6): 93 – 97.

[99] Mandell M J. Potential control analysis for the C/NOFS satellite using NASCAP – K[R]. AIAA 2002 – 0627,Science Applications International Corporation,2002.

[100] 高山,古士芬. 最严重充电条件下航天器的瞬态充电模拟研究[J]. 空间科学学报,1995,15(4):

320 – 325.

[101] Hughes D. Telsat succeeds in anik e2 rescue[J]. Aviation Week and Space Technology,1994,141(1):32.

[102] Katz V A,Mandell M J,et al. Interactive spacecraft charging interactive handbook with integrated,updated spacecraft charging models[C]. 38th Aerospace Sciences Meeting & Exhibit,Reno,Nevada,2000.

[103] Boscher D,Bourdarie S,et al. A new model for electrons fluxes in GEO[C]. 54th International astronautical congress of the international astronautical Federation,Bremen,Germany,2003.

[104] Garrett H B,Whittlesey A C. Spacecraft charging requirements and engineering issues[C]. 44th AIAA Aerospace Science Meeting and Exhibit,Reno,Nevada,2006.

[105] Joseph E M,Joseph F F,James L,et al. The Timescale of Surface – Charging Events[J]. IEEE Transactions on Plasma Science,2012,40(2):237 – 245.

[106] 李国欣. 航天器电源系统技术概论[M]. 北京:中国宇航出版社,2008.

[107] 陈益峰,杨生胜,柳青,等. 空间站高压太阳电池阵静电放电特性研究[C]. 中国物理学会第二十届全国静电学术会议,石家庄,2015:123 – 126.

[108] 柳青,秦晓刚,杨生胜,等. 高压太阳电池阵二次放电评价试验研究[C]. 中国物理学会第二十届全国静电学术会议,石家庄,2015:131 – 135.

[109] 蒋锴,王先荣,秦晓刚,等. 一种离子发射航天器电位主动控制方法[C]. 中国物理学会第二十届全国静电学术会议,石家庄,2015:180 – 184.

[110] 沈自才,丁义刚,刘业楠,等. 航天器抗静电设计与加固技术[C]. 中国物理学会第二十届全国静电学术会议,石家庄,2015:208 – 212.

[111] 杨生胜,陈益峰,秦晓刚,等. 空间静电放电抑制新技术研究[C]. 中国物理学会第二十届全国静电学术会议,石家庄,2015:359 – 361.

[112] 史亮,杨生胜,秦晓刚,等. 星内静电放电防护涂层技术研究[C]. 中国物理学会第二十届全国静电学术会议,石家庄,2015:362 – 365.

[113] Leung P,Gelderlools C,Bodeau J M,et al. A test program to evaluate the immunity of HS702 solar array to sustained discharges[C]. 6th Spacecraft Charging Technology Conference,1998:39 – 42.

[114] Bao Hoang,Frankie K. Wong,Ronald L. Corey,et al. Combined Space Environmental Exposure Test of Multijunction GaAs/Ge Solar Array Coupons[J]. IEEE Transactions on Plasma Science,2012,40(2):324 – 333.

[115] Katz I,Davis V A,Snyder D B,et al. ESD triggered solar array failure mechanism[C]. 6th Spacecraft Charging Technology Conference,2000:39 – 42.

[116] Hirokazu M,Taishi E,Kazuhiro T,et al. Electrostatic Discharge Tests of Solar Array Coupons With Different String – to – String Gaps Without RTV Adhesive Grout[J]. IEEE Transactions on Plasma Science,2012,40(2):351 – 358.

[117] Katz I,Davis V A,Snyder D B,et al. Mechanism for spacecraft charging initiated destruction of solar arrays in GEO[R]. AIAA paper,1998.

[118] Kenneth H,Wright J,Todd A,et al. Electrostatic Discharge Testing of Multijunction Solar Array Coupons After Combined Space Environmental Exposures[J]. IEEE Transactions on Plasma Science,2012,40(2):334 – 344.

[119] Jean – Charles,Matéo – Vélez,et al. Conceptual Design and Assessment of an Electrostatic Discharge and Flashover Detector on Spacecraft Solar Panels[J]. IEEE Transactions on Plasma Science,2012,40(2):246 – 253.

[120] Timoshkin I V,Maclean M,Wilson M P,et al. Bactericidal Effect of Corona Discharges in Atmospheric

Air[J]. IEEE Transactions on Plasma Science,2012,40(2):2322 –2333.

[121] Shinya F,Yasuhiro A,Keiko W,et al. Solar – Array Arcing Due to Plasma Created by Space – Debris Impact[J]. IEEE Transactions on Plasma Science,2008,36(5):2434 –2439.

[122] Josef R,Stanislav P,Martin Z. Breakdown Voltage of the Surface Glow Discharge[J]. IEEE Transactions on Electron Devices,2008,44(1):58 –63.

[123] 李凯,王立,秦晓刚,等.地球同步轨道高压太阳电池阵充放电效应研究[J].航天器环境工程,2008,25(2):125 –128.

[124] 王斌,白羽,田东波.月球尘环境模拟试验方法研究[J].装备环境工程,2009,6(4):19 –22.

附录　物理常量

常量	符号	数值
光速	c	3.00×10^8 m/s
基本电荷	e	1.60×10^{-19} C
普朗克常量	h	6.63×10^{-34} J·s
万有引力常数	G	6.67×10^{-11} m³·s^{-2}·kg^{-1}
玻耳兹曼常数	k	1.38×10^{-23} J/K
电子静止质量	m	9.11×10^{-31} kg
质子质量	M	1.67×10^{-27} kg
阿伏加德罗常数	N	6.02×10^{23} mol^{-1}
真空介电常数	ε_0	8.85×10^{-21} F/m
真空磁导率	μ_0	$4\pi \times 10^{-7}$ H/m
波尔半径	A	5.2917×10^{-11} m